动态膜水处理新技术

张亚雷　褚华强　周雪飞　董秉直　著

科学出版社

北京

内 容 简 介

本书以动态膜水处理新技术的运行过程为主线,全面阐述了动态膜技术所涉及的基本原理和关键技术。全书内容涵盖动态膜技术发展历程、动态膜技术基本理论、动态膜成膜过程、动态膜污染物去除、动态膜运行特性、动态膜结构、膜污染及反冲洗等方面,系统全面地展现动态膜技术的发展现状、运行原理及技术优缺点。同时,通过分析动态膜技术的运行特点,本书也展望了动态膜技术在生活污水及工业废水深度处理等领域的应用前景及需要解决的关键问题。

本书全面介绍了动态膜技术在水处理中的应用,可以为环境工程、市政工程、环境科学等领域的广大科研工作者、研究生及工程师提供技术参考。

图书在版编目(CIP)数据

动态膜水处理新技术 / 张亚雷等著 . —北京:科学出版社,2014.3
ISBN 978-7-03-039830-7

Ⅰ.①动… Ⅱ.①张… Ⅲ.①水处理-技术 Ⅳ.①TU991.2

中国版本图书馆 CIP 数据核字(2014)第 032420 号

责任编辑:杨婵娟 侯俊琳 白 丹 / 责任校对:郭瑞芝
责任印制:徐晓晨 / 封面设计:铭轩堂

编辑部电话:010-64035853
E-mail:houjunlin@mail.sciencep.com

科 学 出 版 社 出版
北京东黄城根北街16号
邮政编码:100717
http://www.sciencep.com
北京摩诚则铭印刷科技有限公司 印刷
科学出版社发行 各地新华书店经销

*

2014 年 3 月第 一 版 开本:720×1000 1/16
2021 年 1 月第六次印刷 印张:12 1/2 插页:4
字数:228 000

定价:78.00元

前　言

动态膜是指通过预涂剂或反应池中混合液在基网（一般采用大孔支撑网）表面形成的新膜（泥饼）。动态膜技术作为一种新型水处理技术，具备传统膜分离技术的优点，且过滤通量大、反冲洗较方便，使其成为一种可能克服传统膜技术不足的潜在技术。近年来，国内外关于动态膜技术的研究逐渐增多。本书力图较全面地向读者展示动态膜技术的相关理论和已有研究成果，从而为水处理及污水和废水的深度处理回用提供高效、稳定、经济性好的新型处理技术。

动态膜技术实质是利用新形成的具有致密结构的泥饼层，提高廉价大孔支撑基网的固液分离性能，从而达到既使出水水质优良，又降低膜组件造价、减缓膜污染的目的。用来形成动态膜的待过滤混合液或添加的预涂剂，被称为动态膜基质；为动态膜提供支撑的组件材料，被称为动态膜基网。动态膜运行操作通常包括三个阶段：预涂、过滤和反冲洗。

本书系统介绍了动态膜水处理新技术的运行过程特性，并重点阐述动态膜技术所涉及的基本原理和关键技术。动态膜技术作为一种新出现的水处理技术，还需要广大学者对其进行更加深入系统的研究。在本书结尾，通过分析动态膜技术的运行特点和研究现状，作者展望了动态膜技术在生活污水及工业废水深度处理等领域的应用前景及需要解决的关键问题，希望起到抛砖引玉的作用。

本书是作者在总结课题组近年来研究成果的基础上撰写而成的，张海、孙小雅、王洪武、赵阳莹和杨黎彬参与了研究和本书的撰写和编辑工作。同济大学污染控制与资源化研究国家重点实验室为本项目研究提供了优良的条件，本书的出版得到了国家自然科学基金项目（项目编号：51138009、51208365）和国家科技支撑计划项目（项目编号：2012BAJ25B02、2012BAJ25B04）的资助，并得到科学出版社杨婵娟女士的大力支持，在此一并表示感谢。

作为一种新型的过滤技术，动态膜技术已有的研究还有很多不足之处，书中难免有不当之处，还需要进一步研究。希望本书的出版有助于引起更多学者对动态膜技术的关注，并推动其在环境保护领域的推广和应用。

|目　　录|

第❶章

概　论

1.1　膜技术概述

　　膜是指在不同驱动力作用下将两种不同相物质进行分离的介质（Matteson and Orr，1987；刘茉娥，1998；张玉忠，2004）。在驱动力作用下，利用膜的透过性可使混合液中的离子、分子及某些微粒分离。压力驱动膜的截留机理主要是机械筛分作用，吸附截留作用较弱。膜分离性能按膜孔径或截留分子量（molecular weight compounds）大小进行评价。而截留分子量是反映膜孔径大小的替代参数。膜分离的驱动力可以分为压力差、浓度差、电位差等。以压力差为驱动力的膜分离技术有反渗透（revere osmosis，RO）、纳滤（nanofiltration，NF）、超滤（ultrafiltration，UF）和微滤（microfiltration，MF）等；以浓度差为驱动力的膜分离技术有渗透气化（pervaporation，PV）等；以电位差为驱动力的膜分离技术有电渗析（electrodialysis，ED）等。膜过程有死端过滤和错流过滤两种基本操作方式。死端过滤指在膜两侧压差作用下，溶质和溶剂垂直于分离膜方向运动，溶质被膜截留，溶剂通过膜而被分离，主体料液与透过液运动方向相同。错流过滤的主体料液与膜表面相切而流动，料液中的溶质被膜截留，透过液垂直于膜面而通过膜流出。

　　膜生物反应器（membrane bioreactor，MBR）是基于膜的分离特性，采用膜技术与生物反应器相结合的一种工艺。膜生物反应器种类有膜分离生物反应器、膜曝气生物反应器、萃取膜生物反应器、膜渗透生物反应器和膜酶生物反应器等。污水处理中多采用微滤/超滤膜与活性污泥过程结合的膜分离生物反应器，简称为膜生物反应器。膜组件相当于传统活性污泥处理中的二沉池，进行固液分离。因致密的膜组件取代了传统的二沉池系统，MBR技术所需占地面积和容器体积大大降低。截留的污泥和未降解的大分子物质将留在反应器中，透过水离开体系。按膜组件和生物反应器的相对位置，MBR可分为分置式和浸没式两种。在分置式MBR中生物反应器内的混合液由泵增压后进入膜组件，滤液在压力驱动下透过膜，被截留下来的浓缩液回流到反应池中。浸没式膜生物反应器是将膜组件直接置于反应器内，通过泵抽吸使滤过液透过膜组件；反应器中充氧曝气除用来满足微生物生长和污染物去除的需要，还能控制和减缓膜污染。而浸没式厌氧膜生物反应器则通过搅拌或泵循环等方式来控制膜污染。分置式膜生物反应器通常用于规模较小、浓度较高的废水处理，如垃圾渗滤液、化工和石油工业废水等。浸没式膜生物反应器通常用于中到大量城市污水处理，且浸没式膜生物反应器比分置式膜生物反应器布置更紧凑，能耗更低。

与传统活性污泥法相比，MBR 既有优点也有缺点。MBR 相对于传统活性污泥法的主要优点有：①对污染物的去除率高，出水水质好；②利用膜的固液分离替代沉淀池的功能，既可节省基建费用，又可使处理单元结构紧凑；③膜的高效截留作用使得生物反应器内可保持较高的污泥浓度，可延长污泥龄，有利于世代周期长的硝化菌生长，提高对氨氮的去除效率，同时可降低剩余污泥的产量；④膜生物反应器实现了污泥龄和水力停留时间的彻底分离，设计、操作大大简化；⑤膜生物反应器易于实现自动控制，操作管理方便。同时，MBR 自身存在的不足也限制了其广泛应用，具体有：①整体膜组件造价仍太高；②日常运行所需能耗、维护运行费用高；③长期运行缺乏控制和恢复膜污染的有效方法。

动态膜反应器作为一种新型城镇污水深度处理技术，具备传统膜生物反应器的优点，且过滤通量大、反冲洗较方便，使其成为一种可能克服传统膜生物反应器不足的潜在技术。

1.2　动态膜定义

从文献资料可以看出，动态膜技术的发展有着很长的历史。早在 20 世纪 40 年代，美国就对硅藻土过滤技术进行了大量研究，并利用该技术在第二次世界大战期间为美国士兵提供安全的生活饮用水（Black and Spaulding，1944）。而这一技术的实质就是硅藻土动态膜技术，但当时动态膜的概念还没有被明确提出。1965 年，美国橡树岭国家实验室的 Marcinkowsky 等（1966）最早提出动态膜概念。他们在研究多孔物质进行海水脱盐时，误用了与 NaCl 不同的 $ZrOCl_2$，发现 $ZrOCl_2$ 在多孔板上能形成脱盐层，同样具有反渗透效能。这层薄膜是在压力作用下微粒就地沉积在多孔载体上，故称为原位形成膜或动力形成膜，简称动态膜。后来 Spencer 和 Thomas（1991）把动态膜的概念进一步具体化，提出"原位形成膜"（formed in place）概念。他们认为既然滤饼层在过滤中不可避免，那么有意识地在通过过滤某些特殊的悬浮料液，在膜表面事先形成一层适当厚度的滤饼，以滤饼取代膜介质的作用，这样可能反而能优化过滤工艺。当滤饼过滤阻力达到一定值后，必须进行反冲洗，把预制的滤饼和截留物质一同冲洗出系统，然后进行下一轮的制膜和过滤。这一过程也是现在动态膜研究的普遍流程。如今，比较认可的动态膜概念为：动态膜，又可以称为二次膜、次生膜（Kuberkar and Davis，2000）或原位形成膜（Spencer and Thomas，1991），是指通过预涂剂或反应池中混合液在基膜或支撑体（一般采用大孔支撑网）表面形成的新膜（泥饼）。

　　与传统 MBR 工艺相比，动态膜技术自诞生起就表现出很大优势。因物理截留主要由"次生膜"完成，支撑基网主要起到支撑动态膜泥饼层的作用，所以更加灵活和低廉的材料（如无纺布、不锈钢丝网和中空纤维等）可以用作支撑体（Lee et al.，2001）。同时通过预涂或自生形成在支撑体上的动态膜易于在线清洗和再生，使得其具有较高抗污染性能（Na et al.，2000；Sharp and Escobar，2006）。如图 1-1 所示，动态膜对大分子物质和絮体具有良好的截留作用从而阻止其深入到支撑体表面。此外，涂膜材料造价通常也很低廉。硅藻土、高岭土、聚合氯化铝（PAC）、MnO_2、活性污泥等都已被证明是理想的涂膜材料（Wu et al.，2005；Yang et al.，2011）。除了上述优势，动态膜还具有高通量、高截留率（Rumyantsev et al.，2000；Noor et al.，2002；Ye et al.，2006）、低能耗（Gunder and Krauth，1998）、易清洗（Chu et al.，2008）等优点。自动态膜概念被提出以来已经过去了半个世纪，然而其发展和推广仍然有限（Yu and Dong，2011；Sun et al.，2012）。

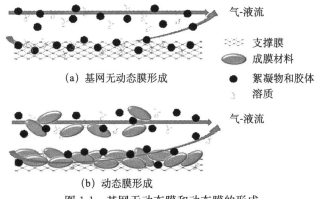

气-液流

░ 支撑膜
◯ 成膜材料

(a) 基网无动态膜形成

● 絮凝物和胶体
∴ 溶质

气-液流

(b) 动态膜形成

图 1-1　基网无动态膜和动态膜的形成

1.3 动态膜技术发展历程

现今的动态膜通常都形成在大孔材料上。然而，形成于微孔材料（如传统的微滤和超滤膜）上的动态膜也对过滤作用和减轻膜污染有着至关重要的作用。考虑到最早出现的动态膜均为后者，本书将微孔材料视为动态膜的支撑体之一。

动态膜技术的本质是通过泥饼层过滤，这和 20 世纪 40 年代美国对于硅藻土的应用不谋而合（Engineer Board，1944a，1944b）。对于硅藻土在过滤方面的应用最早由 Heddle，Glen 和 Stewart 在 1886 年申请专利（Deerr，1921）。从那以后，硅藻土通常被用作食品、化工工业，继而水净化处理领域的过滤介质（Lowe and Brady，1944）。

动态膜最早于 1966 年由美国橡树岭国家实验室应用于高压反渗透脱盐（Marcinkowsky，1966）。起初人们对于动态膜研究的兴趣也局限于这一领域（Shor et al.，1968；Tanny and Johnson Jr，1978）。效果最好的动态膜涂膜材料是将无机水合氧化物，尤其是 Zr（Ⅳ）氧化物通过聚丙烯酸（PAA）预处理。这些动态膜以其高水通量和较明显的脱盐能力被关注。然而脱盐能力不足以应用于实际生产、难以反复涂膜和通量随过滤时间不断下降等缺陷使其没有得到广泛传播（Altamn et al.，1999）。

20 世纪 80 年代后，对动态膜应用的关注被转移到处理工业废水，如聚合物制造、染料、印刷、纺织等的废水（Groves et al.，1983；Townsend et al.，1989）。也有些学者将动态膜技术应用于食品工业。动态膜与超滤膜技术的结合也起始于这一时期。尽管具有高截留效率，昂贵的涂膜材料和低渗透性能阻碍了动态膜技术的流行（Nakao et al.，1986）。

自 20 世纪 90 年代开始，动态膜与微滤膜技术的结合开始出现，主要应用于城镇污水处理领域（Al-Malack and Anderson，1996，1997c；Wang et al.，1998）。其他对于动态膜的研究包括果汁浓缩（Jiraratananon et al.，1997）、蛋白质截留（Rumyantsev et al.，2000）和油水分离（Zhao et al.，2005；Yang et al.，2011）等。

直到 21 世纪初期，所有见刊的动态膜仍附着于微滤和超滤膜表面。首例不负载于传统膜上的自生动态膜出现于 2002 年（Fan and Huang，2002）。研究人员使用涤纶取代传统膜作为动态膜支撑体处理生活污水。首例预涂动态膜产生于 2006 年（Ye et al.，2006）。活性炭（PAC）被用于在 $56\mu m$ 涤纶布上形成动态膜泥饼层处理生活污水。近来，数十例研究使用不同的涂膜和支撑材料建立动态膜生物反应器（DMBR）。研究结果表明，许多材料诸如金属网、编织布和无纺布可以达到或超过传统膜作为动态膜支撑体的性能（图 1-2）。

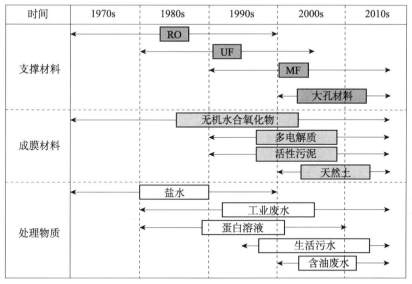

图 1-2　动态膜发展简图

除了在好氧系统中的应用，动态膜技术同样也被应用于厌氧系统中。首例厌氧动态膜生物反应器出现在 90 年代中期。根据 Pillay 等（1994）的报道，与传统膜生物反应器相比，动态膜对于 BOD[①]、COD、SS 的去除效率同样令人满意。对于两种动态膜生物反应器的研究证实它们具有经济友好性。

近年来，动态膜的研究更加复杂多样化，同时，人们关注更多的是实际应用而不是纯理论研究，预示着这一技术拥有巨大的发展前景。

1.4　动态膜技术应用概述

1.4.1　动态膜在物理截留方面的应用

动态膜反应器在物理方面的应用表现归纳见表 1-1。表 1-1 中，大多数对于动态膜在物理方面的应用研究集中于过滤效率和成膜条件（材料和运行参数

———————————

①　BOD 为生化需氧量。本书其余科学术语含义参见附录 C。

等）。动态膜研究的先驱者们将其应用于反渗透脱盐，但是不稳定的动态膜形成条件使研究结果差强人意（Shor et al.，1968；Tanny and Johnson Jr，1978）。0.8MPa下在多孔陶瓷管超滤膜表面以 Zr（Ⅳ）、Al（Ⅲ）和 Fe（Ⅲ）作为动态膜涂膜材料的一系列实验中，在 pH 3～pH 11，温度不超过 353K 的实验条件下，Zr（Ⅳ）动态膜对于聚乙二醇和葡聚糖具有最好的过滤性能（Nakao et al.，1986）。水合氧化锆-聚丙烯酸（Zr-PAA）动态膜可以在低压下在陶瓷或金属网上成膜并具有微滤膜性质（Correia and Judd，1996a，1996b）。除了浓差极化作用外，盐浓度也会影响所形成的动态膜的过滤性能。相对于依赖高操作压力的传统膜而言，预涂动态膜可以在低压力（2～3MPa）下达到良好的甚至是最高的盐截留效率（Knyazkova and Kavitskaya，2000）。然而，尽管过滤性能优于传统膜，预涂动态膜仍旧因为其复杂的预涂过程和不稳定的运行条件而难以成为理想的脱盐手段。

表 1-1　动态膜反应器物理处理表现

成膜材料	处理物质	通量	截留率	参考文献
TiO$_2$	对氯苯酚	125 L/(m^2·h)	33%～92%	(Horng et al.，2009)
Ca-oleate，CdS，ZrO$_2$	牛血清白蛋白	N. A.	80%	(Turkson et al.，1989)
黏土矿物	合成 Co（Ⅱ）离子	N. A.	<98%	(Kryvoruchko et al.，2004)
PVA PEG	合成染料	260～440 L/(m^2·h) 76～84 L/(m^2·h)	28%～46% 65%～77%	(de Amorim and Ramos，2006)
高岭土	CH$_3$COONa 聚合物	N. A.	≈100%	(Wang et al.，1998)
PVA	蛋白溶液	N. A.	83%～99%	(Na et al.，2000)
Zr-PAA	NaNO$_3$ 溶液	50 L/(m^2·h)	98%	(Correia and Judd，1996a)
卵白蛋白 γ-球蛋白	卵白蛋白溶液	N. A.	>80%	(Matsuyama et al.，1994)
Zr（Ⅳ），Al（Ⅲ），Fe（Ⅲ）	胶体溶液	N. A.	N. A.	(Nakao et al.，1986)
水合 Zr（Ⅳ）胶体	葡萄糖-牛血清白蛋白溶液	16.5～34.2L/(m^2·h·bar)	>90%	(Chen and Chiang，1998)
高岭土-MnO$_2$	含油废水	120.1～153.2L/(m^2·h)	>99%	(Yang et al.，2011)
Zr-dextran	血红蛋白溶液	7.7 L/(m^2·h·bar)	70%～100%	(Wang et al.，1999)
Fe（OH）$_3$-MnO$_2$·2H$_2$O	合成含油废水	100 L/(m^2·h)	>98%	(Zhao et al.，2005)
非凝固-热凝固型聚合物	Na$_2$SO$_4$	21.6～23 L/(m^2·h)	75%～98%	(Knyazkova and Kavitskaya，2000)
水合 Zr（Ⅳ）胶体	卵白蛋白溶液	N. A.	80%～95%	(Rumyantsev et al.，2000)
Zr-PAA	卵白蛋白溶液	10～50L/(m^2·h·bar)	>95%	(Altman et al.，1999)
固体颗粒	凤梨汁	6.37 m^3/(m^2·h)	84%～87%	(Jiraratananon et al.，1997)

注：N. A. 表示无数据

20 世纪 90 年代后期，许多学者应用动态膜技术（通常与传统超滤膜结合）处理蛋白质溶液。Rumyantsev 等（2000）使用 Zr 氧化物悬浮液形成了具有类似超滤膜性质的动态膜。他们发现在 pH、Zr 浓度和离子强度等成膜条件中，pH 起最重要的作用。另一例研究中，Zr 氧化物动态膜被形成于 SS-316 多孔管上以研究其对血红蛋白（Hb）溶液的浓缩作用（Wang et al.，1999）。对 Hb 的截留率随动态膜被葡聚糖的改善而改变，从 70％到 100％不等。此外，也有研究证实对于形成于无纺布上的 Zr 氧化物动态膜，1000ppm 浓度下的血清蛋白去除率为 85％，50ppm 浓度下的血清蛋白去除率可达 95％（Altman et al.，1999）。

自 2000 年以来，有数例使用动态膜处理含油废水的研究已见刊。MnO_2 动态膜被用于处理炼油废水，并且呈现超过 98％浊度去除率的稳定表现（Cai et al.，2000）。而 $Mg(OH)_2$ 或 $Fe(OH)_3$ 动态膜则有至少 98％的 TOC 去除率（Zhao et al.，2005，2006）。另外，一种高岭土- MnO_2 混合动态膜对于油的去除率可达 99％（Yang et al.，2011）。但是，如大多数针对动态膜的研究一样，上述研究仍然是随机的、不系统的，对于未来的大规模应用的贡献十分有限。

相比较超滤膜而言，负载于微滤膜上的动态膜稳定水通量和截留效率较差，但是稳定性和抗膜污染性能优良（Jiraratananon et al.，1997）。通过一系列以凝胶动态膜去除聚乙二醇的实验，Tsapiuk（1996）指出动态膜的形成会提高溶质的截留率。以聚醚砜动态膜截留印染废水的系列实验也证实了动态膜在一定条件下可以改善过滤通量及不可逆污染（de Amorim and Ramos，2006）。这一结论证实了动态膜比超滤膜拥有更好的通量，且对 DOC、硬度和 UV_{254} 有更好的去除效率，与另一实验相一致（Sharp and Escobar，2006）。对于动态膜应用的一项特例是通过对戊二醛共价偶联将 α 淀粉酶固定在动态膜上。实验证明固定化的淀粉酶较游离态的淀粉酶有更好的酶活性（Tien and Chiang，1999）。

动态膜与生物反应器的联用同样适宜于污泥浓缩和二级废水深度处理。一个污泥浓缩包括附载于金属网上的自生动态膜系统曾被用于研究（Park et al.，2004）。对于较高的进水污泥浓度（SS 为 3000～9000mg/L），该系统的出水 SS 很低，污泥消减率可达 85％～95％。该研究同时证实了对于动态膜生物反应器来说，处理前的污泥沉降是非必要的，这就使该系统能在更加多变的条件下运行。另一个安装有金属网过滤膜组件的 SBR 反应器被用于剩余污泥的好氧生物降解。进水的 SS 分别为 4000～6000 mg/L，出水的 SS 低于 57 mg/L（Wang et al.，2006）。在短期实验中，预涂在微滤膜上的 MnO_2 动态膜可以将浊度从 22 NTU 降至 0.2 NTU（Al-Malack and Anderson，1997c）。MnO_2 动态膜通过提高通量、延长运行时间和提高去除率等改善了微滤膜的运行（Al-Malack and

Anderson，1997b）。尽管动态膜可以对生活污水中的杂质颗粒进行物理截留，其在处理生活污水的应用中通常与生物反应器联合使用，如下节所述。

1.4.2　动态膜在污水生物处理方面的应用

在水处理应用领域，动态膜过滤技术通常与生物反应器结合，构成动态膜生物反应器进行污染物降解和固液分离。大体说来，对于动态膜生物反应器的使用可以分为两大类：好氧动态膜生物反应器和厌氧膜生物反应器（表1-2）。

表1-2　动态膜生物反应器在市政污水处理中的表现

成膜材料	处理物质	通量/ (L/ (m² · h))	处理效率	参考文献
聚四氟乙烯	厌氧	4～12	＜30mg/L（出水 COD） ＜10mg/L（出水 SS）	(Ho et al.，2007)
活性污泥	厌氧	0.5～3	＞99%（SS）	(Jeison et al.，2008)
活性污泥	好氧	14.8～33.3	84.2%（COD） 98.03%（NH₃-N）	(Fan and Huang, 2002)
硅藻土	好氧	8.6～130	8.1～28.1 mg/L （出水 COD） 0.08～0.53mg/L （出水 NH₃-N） 100%（SS）	(Chu et al.，2008)
活性污泥	厌氧	5	77.5±29.5 mg/L （出水 COD） 27.6±12.5 mg/L （出水 NH₃-N）	(An et al.，2009)
活性污泥	好氧	20.8～31.6	5 mg/L（出水 BOD） 1.5mg/L（出水 SS） 80%（TN）	(Kiso et al.，2000)
PAC	好氧	417.6～543.6	4～5.76NTU（出水浊度）	(Xu et al.，2009b)
活性污泥	厌氧-好氧	16.7	91.6%（COD） 93.5%（SS） 66%（TN）	(Seo et al.，2003)
活性污泥	厌氧	65	57.3±6.1%（COD） 68～250 mg/L（出水 SS）	(Zhang et al.，2010b)
活性污泥	好氧	150	24～45mg/L（出水 COD） ＜5 mg/L（出水 BOD） ＜12mg/L（出水 SS）	(Fuchs et al.，2005)
PAC	好氧	18.6	97.09%（COD） 94.16%（NH₃-N）	(Ye et al.，2006)

大多数对好氧动态膜生物反应器的应用都是处理生活污水或模拟配水。在污染物浓度较低的前提下，动态膜生物反应器可以达到与传统 MBR 反应器相

同的高生物去除效率和高物理截留效率。一个以 $100\mu m$ 涤纶网为支撑体的自生动态膜生物反应器曾被用来处理生活污水（Fan and Huang，2002）。在运行阶段，平均出水 COD 浓度为 28.2 mg/L，去除率为 84.2%，平均出水 $NH_4^+ - N$ 浓度为 0.8mg/L，去除率为 98.03%。另一实验中，COD 和 $NH_4^+ - N$ 去除率分别为 72%～89% 和 66%～94%，而水阻力比微滤或超滤膜低2～3个数量级（Chu and Li，2006）。尽管不同实验结果间的差异不可避免，研究者们对好氧动态膜生物反应器比传统污水处理系统可以更有效地去除 COD 和 $NH_4^+ - N$ 已达成共识（Kiso et al.，2000；Fuchs et al.，2005；Kiso et al.，2005）。对于含磷污染物，好氧动态膜生物反应器对 TP 的去除有限（Seo et al.，2003；Ren et al.，2010b），而添加 PAC 后可将 TP 去除率提高至 85%（Seo et al.，2007）。动态膜自身对于有机物的去除更大程度上依赖于物理截留而非生物降解。作为迄今为止唯一一例运用好氧动态膜生物反应器处理工业废水的研究，Satyawali 和 Balakrishnan（2008）使用以 $30\mu m$ 尼龙网为支撑体的动态膜生物反应器处理蒸馏废水。不同于处理生活污水，蒸馏废水的难降解性（BOD/COD：0.14）使 COD 的去除率明显降低（22%～41%）。

因材料和运行环境的差异性，目前暂无预涂和自生动态膜反应器的对比研究。然而，一些研究比较了动态膜生物反应器和传统 MBR 反应器。依据对 PAC 预涂动态膜生物反应器和传统中空纤维膜生物反应器的对比，对 COD 的去除率分别为 97.09% 和 76.13%，表明动态膜生物反应器去除有机污染物有一定优势（Ye et al.，2006）。

一些学者研究了动态膜自身对于污染物的去除效果。Fan 和 Huang（2002）指出在其实验中自生动态膜对 COD 的去除率为 90%，但是因为固液分离的特性，其对于 $NH_4^+ - N$ 的去除效果极小。这一发现也被其他学者证实。通过一系列实验，硅藻土自生动态膜生物反应器对于 COD_{Mn}，TN，DOC 和 UV_{254} 的去除效果显著，而动态膜自身对上述污染物的去除贡献很小，因此主要在反应器中对有机污染物的生物降解作用占主导地位（Chu et al.，2008；Chu et al.，2010；Yu et al.，2012）。

厌氧动态膜生物反应器用于处理生活污水或污泥。以灵活的编织布为自生动态膜支撑体的厌氧动态膜生物反应器可以通过延长 SRT 增强厌氧消化作用（Pillay et al.，1994）。动态膜有效地提高了反应器的过滤效果（Jeison et al.，2008）。超过 99% 的固体被动态膜截留。然而，反应器通量偏低（最高 3L/（$m^2 \cdot h$）），运行不稳定是其存在的主要问题。通过研究厌氧动态膜生物反应器的污染特性，研究者发现膜污染物中的胞外聚合物主要由蛋白质和腐植酸组成；Mg，Al，Ca，Si 和 Fe 是主要的无机污染物；生物聚合物和无机污染物间的架桥作用可以使污染物更加紧密（An et al.，2009）。在高通量下（65 L/（$m^2 \cdot h$）），渗透作用超过了反向运输力使得微粒相比于大颗粒更容易沉积于膜表面（Zhang et al.，2011）。上述研究更注重动态膜污染而非运行条件，证明了动态膜的存在可以大幅减轻膜污染。

1. 基膜材料对动态膜的影响

动态膜生物反应器在污水处理中的运行要考虑的因素很多，研究主要集中在以下几个方面：基膜材料的选择与影响；反应器及曝气方式的影响；混合液浓度的影响；动态膜作用压力和动态膜膜通量大小的影响等。

表 1-3 概述了部分动态膜生物反应器处理生活污水时的基本运行情况。

表 1-3　部分动态膜生物反应器运行情况

动态膜类型	组合方式	曝气方式	MLSS/(mg/L)	膜通量/(L/($m^2 \cdot h$))	出水 SS/浑浊度	参考文献
$100\mu m$ 涤纶自生膜	浸没式	单侧＋下方	7500	14.9	未检出	（Fan and Huang，2002）
$100\mu m$ 尼龙自生膜	浸没式	双侧	9000	20.8～31.6	SS<1.5mg/L	（Kiso et al.，2000）
$30\mu m$ 尼龙自生膜	浸没式	下方	4000	50～150	SS<12mg/L	（Fuchs et al.，2005）
$108\mu m$ 不锈钢自生膜	浸没式	单侧＋下方	5000	15～60	<1.2NTU	（吴志超等，2008）
$30\mu m$ 涤纶自生膜	浸没式	双侧	<6000	100	<9.5NTU	（Chu and Li，2006）

在污水处理中，动态膜基膜材料一般选用柔性大孔材料（如无纺布、尼龙网和涤纶网等）和刚性不锈钢网。从表 1-3 中，我们可以看到，动态膜基膜材料孔径一般为 30～$100\mu m$，较传统膜生物反应器中的微滤膜或超滤膜要大很多。动态膜基膜材料，如尼龙网、涤纶或不锈钢网，材料丰富，成本低。Kiso等（2000）选用孔径分别为 $100\mu m$、$200\mu m$ 和 $500\mu m$ 的尼龙网做成不同的动态膜组件。试验发现基膜孔径可以影响动态膜的成膜时间和动态膜出水 SS 含量。活性污泥在孔径为 $100\mu m$ 的基膜表面可快速形成动态膜，10min 后动态膜出水 SS 低于 10mg/L；活性污泥虽然可以在孔径 $200\mu m$ 和 $500\mu m$ 的基膜上形成有效动态膜，但出水 SS 较高，且过滤 1h 后动态膜出水 SS 仍大于80mg/L。Kiso 得出孔径为 $100\mu m$ 的基膜适于做动态膜基膜。邱宪锋（2007）通过试验发现，筛绢和单滑面无纺布比筛网和双滑面无纺布更适合用作动态膜的基膜，易于形成动态膜。另有学者发现，基膜的质地（不锈钢丝网和尼龙网）对动态膜的形成没有影响，但基膜孔径大小对动态膜的形成有显著影响，

基膜孔径越小，越有利于动态膜的形成（卢进登等，2006）。

2. 反应器构造与曝气作用

动态膜在反应器中多采用浸没式安装。反应器中曝气方式有单侧曝气、两侧曝气、下方曝气、下方曝气与侧向曝气结合等曝气方式。充氧曝气为微生物提供了足够的氧气，同时使反应器中混合液保持悬浮状态，使混合液在动态膜表面有一定的错流速度，延缓动态膜的污染。

单侧曝气容易引起曝气另一侧产生死角区。另外，单侧曝气也不能使混合液在动态膜表面有足够的膜面流速，造成污泥在膜表面堆积，引起膜过滤阻力上升、过滤通量下降和过滤周期缩短，进而两侧曝气便被开发研究。两侧曝气方式可有效抑制膜污染，延长反冲洗周期，效果优于单侧曝气（刘宏波，2006）。下方和侧向曝气结合可以延缓膜污染，且下方曝气强度足够大时可使动态膜脱落，达到膜清洗的目的。

曝气强度越大，动态膜表面混合液错流速度越大。研究发现（Kiso et al., 2000），曝气强度会影响动态膜的形成，曝气强度越大，出水浑浊度越大。动态膜组件下方曝气及间歇出水的操作方式可以缓解动态膜污染及对已污染的动态膜进行清洗。试验研究还发现混合液错流流速会影响动态膜的结构。在较高错流流速下形成的动态膜厚度较薄，且更为致密，造成过滤时水力阻力较大；若错流流速较低则形成的动态膜较厚，水力阻力较小（梁娅，2007）。因此确定合适的曝气强度对动态膜的运行非常重要，从而达到动态膜厚度适中、出水水质优良、出水通量大和运行时间长的状态。

3. 混合液浓度对反应器运行的影响

由于动态膜与微滤膜和超滤膜一样，能够截留反应器中的污泥，从而提高反应器中混合污泥的浓度。随着污泥龄的延长，MLSS 增加，由此会引起污泥黏度、粒径、微生物种类的变化。一般观点认为，高 MLSS 会引起动态膜厚度增加、出水通量下降、出水浑浊度升高和膜阻力上升幅度增加等。Kiso 等（2000）研究发现 MLSS（3000mg/L，6500mg/L，11500mg/L）浓度越高，出水浑浊度越高。Moghaddam 等（Moghaddam et al., 2002a, 2002b; Moghaddam et al.,2003）对动态膜生物反应器的研究表明，污泥停留时间（SRT）为 10d、30d 的系统，出水水质好，4 个月未见堵塞，而 SRT 为 75d 的系统操作压力上升且出水水质恶化。分析易发生堵塞的系统（SRT 为 75d）具有以下特点：MLSS 浓度高，丝状菌不丰富。但是胞外聚合物（EPS）和后生动物对膜堵塞的影响尚未确定。动态膜生物反应器系统中活性污泥产率系数为 0.24kgMLSS/kgBOD，小于传统活性污泥法，与 MBR 中污泥产率系数比较接近（Pollice et al.，2004；Pollice and Laera，2005；Masse et al.，2006）。

研究者对传统膜生物反应器研究发现，污泥自身的特性，如微生物代谢产物（Masse et al.，2006）、过滤性能（孙宝盛等，2006）、沉降性能（Wei et al.，2003；Ng and Hermanowicz，2005；张海丰等，2005）、污泥粒径（Soriano et al.，2003；Gao et al.，2004）、污泥活性和生物相（黄翠芳等，2007）等对膜生物反应器的运行有很大影响。但动态膜生物反应器是一种较新的水处理技术，对其的研究很多还停留在研究运行特性和改善运行条件的方面，对污泥特性的研究还比较少。随着对动态膜反应器技术研究的不断深入，需要更多关注污泥特性方面的研究。

4. 作用压力和膜通量

膜通量是动态膜运行的一个重要参数，它直接关系着动态膜技术的经济可行性。同时，驱动膜通量的跨膜压差也是动态膜运行需要考虑的另一重要因素。

近年来，很多研究集中在利用反应池水面与动态膜出水口之间的水头差作为动态膜过滤的驱动力，可以实现依靠水头差自流出水，从而降低能耗。Fan 和 Huang（2002）采用活性污泥在基膜为孔径 $0.1\mu m$ 的涤纶筛网表面形成动态膜来处理城市污水，采用水位差作为动态膜过滤运行的驱动力。在膜通量为 $14.9L/(m^2 \cdot h)$ 的情况下，反应器平稳运行了 45d，水头差基本上维持在 10mm 以下。当 HRT 为 3.5h 时，动态膜出水水质良好。董滨等（2006）分别研究了出水水头为 100mm、200mm、300mm、400mm 和 600mm 的条件下活性污泥动态膜初始通量及出水浑浊度的变化情况。试验结果表明，只有出水水头达到一定高度时，动态膜才会在基网上形成，且出水水头越大，越有利于动态膜的形成，但会引起动态膜运行时间缩短和动态膜通量衰减速度加快。并且较大的出水水头会引起动态膜过滤过程中污泥泄漏、出水浑浊度升高，进而引起动态膜出水水质恶化的现象（Seo et al.，2003）。随着出水水头的增加，出水通量并非随出水水头的增加而成比例增加，且较高出水水头作用时容易引起动态膜堵塞。原因是出水水头在给动态膜运行提供动力的同时，也对动态膜泥饼提供了一个压缩力，引起动态膜滤饼压缩，使动态膜过滤阻力增加（范彬等，2003）。

虽然采用水头差自流出水的方式可以保证动态膜较长时间的稳定正常运行，且所需水头差较小，但这种运行方式一般只能保证较小的动态膜通量。且这些试验结果还只是基于实验室小试研究，至于该种运行方式能否适用于较大规模的应用情况和膜通量能否进一步提高等问题还有待进一步深入研究。

5. 动态膜污染控制

膜污染难控制是制约传统膜生物反应器广泛应用的一个重要原因。由于传统膜生物反应器采用微滤膜或超滤膜组件作为固液分离的主体，膜孔孔径较小，反应器中污染物很容易沉积在膜体上，引起膜孔堵塞，导致膜污染加剧，从而引起膜过滤阻力增加，膜通量下降。很多学者对传统膜生物反应器的反冲洗进行了研究：Hillis 等（1998）、Smith 等（2006）、Remize 等（2006）分别研究了水反冲洗过程的影响因素；Serra 等（1999）研究了空气反冲洗效果；Mendret 等（2006）、Bourgeous 等（2001）通过研究反冲洗后残留污染物特性，确立提高反冲洗效率的新方法等。国内学者对传统膜生物反应器的膜污染控制也进行了很多研究（孙德栋和张启修，2003；黄严华等，2005；王锦等，2005）。传统膜生物反应器膜的反冲洗方法对动态膜反冲洗也有很好的借鉴作用。

现在关于控制膜生物反应器污染和进行膜反冲洗的研究有很多，主要集中在两个方面：膜材料改性减缓膜污染和提高膜反冲洗效率。虽然学者们开展了大量工作，但膜污染问题并没有得到很好的解决。与膜生物反应器相比，动态膜的污染控制要方便得多。动态膜的清洗方法大部分跟传统的膜生物反应器相同，包括机械清洗、物理清洗、化学清洗。无机膜由于自身抗化学腐蚀性强，可以用酸、碱或氧化剂清洗。

根据传统膜生物反应器的污染控制技术，动态膜的污染控制可分为两部分：①运行过程中减缓动态膜的污染；②运行结束后动态膜的反冲洗。运行过程中减缓动态膜的污染主要是采取相应污染控制技术减缓动态膜污染，延长动态膜的运行时间；运行结束后动态膜的反冲洗主要作用是完全去除动态膜污染、最大程度恢复动态膜的出水通量。这两部分虽然操作方式不同，但对动态膜的整体污染控制均起着非常重要的作用。

1）减缓动态膜污染的方法

减缓动态膜的污染主要是在动态膜的运行过程中采取一些特定的运行方式来实现。常用的方法有调整动态膜通量和调整曝气方式等。

高松等（2005）在动态膜运行时采用较大初始通量和较小后续通量的运行方式。前者可有效保证动态膜的形成，后者则可减缓动态膜的堵塞、延长动态膜的运行周期。Kiso 等（2000）采用间歇曝气的方式控制筛网表面动态膜的污染，在 MLSS 浓度为 $4.3\sim7.0g/L$ 时，动态膜反应器可以连续运行几个月而不用反冲洗。Fan 和 Huang（2002）采用动态膜下方曝气，一方面可提供较强的气水多相流，通过短时间内强烈的下方曝气强化对动态膜表面污染的控制；另一方面底部曝气还能够清洗和恢复动态膜堵塞污染。

2）反冲洗方法

动态膜反冲洗是解决动态膜污染的最终方式，同时也是动态膜污染控制时最能立竿见影的操作方式。动态膜反冲洗的方法借鉴传统膜生物反应器的反冲洗操作方法，与传统膜生物反应器的反冲洗方法相似，包括机械清洗、物理清洗、化学清洗和在线清洗等。

张捍民等（2005）对预涂动态膜生物反应器在生活污水处理中的应用进行了研究，采用 $56\mu m$ 的工业滤布为动态膜的基膜，粉末活性碳为预涂剂。预涂动态膜组件污染后只需表面刷洗，膜通量就可以 100% 恢复，无需消耗化学试剂。Al-Malack 和 Anderson（1997a）研究了多种针对无纺布为基膜、MnO_2 为成膜基质的动态膜处理城市污水过程中的反冲洗方法，包括酸洗、自来水清洗、空气冲洗、开—关运行调节等。试验发现，能完全去除动态膜使其恢复到初始状态的最有效反冲洗方式是刷洗无纺布的外表面。后来，Ye 等（2006）研究了 PAC 动态膜在生活污水处理中的应用，发现动态膜通量在经过表面刷洗后可以完全恢复，而不消耗任何化学试剂。

李方等（2005）采用 6000 目煅烧高岭土在孔径为 $1\sim3\mu m$ 的微滤 $\alpha\text{-}Al_2O_3$ 陶瓷管上形成动态膜处理生活污水。试验发现动态膜能有效降低陶瓷膜内部污染，采用清洗顺序为高速清洗—自来水反冲—碱液反冲—酸液反冲的方式，可使反冲后膜通量恢复到新膜通量的 90%。其中高速膜面冲刷可洗去陶瓷膜表面的滤饼层，水反冲洗可以洗去膜面和膜内的膜孔堵塞的颗粒，酸、碱液的冲洗可以洗去膜内部的一些粘附性的有机和无机物质。高波等（2003）采用物理方法对氧化锆（ZrO_2）陶瓷动态膜回收 Lyocell 纤维溶剂时进行水反冲洗。试验结果显示，水反冲可有效恢复该动态膜通量。

张建等（2007b）采用逆出水方向曝气措施对以无纺布构建的动态膜生物反应器生活污水处理系统中的动态膜进行在线反冲洗。扫描电镜观察表明，逆出水方向曝气反冲洗能够有效破坏附着在基膜表面上的生物动态膜，是一种经济有效的动态膜反应器在线清洗方法。

动态膜采用机械清洗和化学清洗能够使膜通量得到比较好的恢复，但是不能够实现在线清洗，一般都需要将膜组件取出才能进行，在实际工程应用中存在很大局限性。底部曝气的方式虽然可以延缓膜污染，但效率较低，能耗较高。物理清洗，如气反冲洗、水反冲洗和气水联合反冲洗等方式能够实现在线操作，有助于反冲洗工艺的简化。虽然现在有很多学者在进行这方面的研究，但相关报道中关于在线反冲洗的具体技术参数、反冲洗时动态膜脱落后膜组件的形态表征等关键内容的相关报道还比较少，还需要更加深入的研究，才能更好地解决动态膜的反冲洗问题。

1.4.3 费用分析

动态膜反应器的成本包括材料成本和能耗成本。相对于传统膜，动态膜的两大优势就是低廉的材料和较低的能耗。有关动态膜反应器成本的文献见表 1-4。

表 1-4　传统膜生物反应器与动态膜生物反应器处理生活污水费用分析对比

对比参数	传统膜生物反应器	动态膜生物反应器
膜造价/（€/m²）	50～150（Fletcher et al.，2007；Verrecht et al.，2010）	1（Li et al.，2012）
通量/（L/（m²·h））	10～25（Le-Clech，2010）	15～150（Ersahin et al.，2012）
能耗/（kWh/m³出水）	0.8～1（Fenu et al.，2010）	0.4～0.6（根据以下文献折算（Li et al.，2005；Verrecht et al.，2008；Liu et al.，2009））
膜清洗	化学清洗	物理清洗

考虑材料成本，现今的膜生物反应器或动态膜生物反应器一般被安装在膜组件中，包括曝气口、流体连接管和支撑框架（Le-Clech，2010）。这部分的成本由于参考标准和平行研究的缺乏无法进行系统探讨。然而，动态膜和传统膜的膜成本有着巨大差异，因传统膜通常由聚合物制造，而动态膜支撑体多用大孔材料（如编织布、无纺布和金属网等）。这意味着动态膜的材料成本一般比传统膜低一个数量级。

对于能耗成本来说，曝气占浸没式膜生物反应器能耗的 90%，但仅占侧流式膜生物反应器能耗的 20%，同时抽液成本占侧流式总能耗的 60%～80%，但仅占浸没式总能耗的 28%（Gander et al.，2000）。曝气通常用于给微生物提供氧气和减轻膜污染。对于动态膜生物反应器来说，膜污染问题远轻于传统膜生物反应器。此外，传统膜生物反应器的通量通常为 10～25 L/（m²·h）（Le-Clech et al.，2006），而动态膜生物反应器通量通常为 30～50 L/（m²·h），甚至可达到 100～150 L/（m²·h）（Ersahin et al.，2012）。轻膜污染和高通量都使动态膜所需曝气量仅为传统膜的一半。另外，由于动态膜可以在数厘米水头下正常运行，抽液成本也因此大大降低（Fan and Huang，2002；Ren et al.，2010b）。

动态膜的清洗成本同样低于传统膜。传统膜清洗最有效的方式是化学清洗，这也带来了二次污染的问题。相反，动态膜可以通过物理方法清洗。

第❷章 ▌ ▌ ▌
动态膜技术基本理论

2.1 动态膜分类

通常，动态膜可因为形成方式的不同而分为两类（Fan and Huang，2002）：预涂动态膜（precoated dynamic membrane）和自生动态膜（self-forming dynamic membrane）。自生动态膜是指利用待过滤混合液中的悬浮颗粒、胶体或大分子有机物在基膜上形成滤饼层来进行固液分离。预涂动态膜的形成物质与待过滤组分不同，通常先用基膜过滤含有成膜组分的混合液，待动态膜在基膜表面形成后，再用已形成的动态膜对待过滤组分进行固液分离。由于不需要额外添加成膜组分，自生动态膜的制备、冲洗等操作均比较方便，且不会在料液中引入新的物质。现在对动态膜的研究一般是针对自生动态膜，尤其是污水处理领域。由于给水处理中原水杂质较少，预涂动态膜则更适合进行该条件下的出水净化过程。还有一些学者提出了拥有一种以上的成膜物质的复合型动态膜，也被认为是第三类动态膜。已有研究表明复合型动态膜的分离能力超过了单一成膜材料的动态膜。

尽管自生动态膜的形成物质来源与预涂动态膜不同，但二者的运行操作过程相同，即包括预涂、过滤和反冲洗三个阶段（Langé et al.，1986）。预涂是指在抽吸压力或作用水头的作用下，成膜颗粒沉积在基膜表面形成具有一定厚度和固液分离能力的泥饼层，出水浑浊度达到设定标准标志着动态膜的形成。动态膜预涂完成后，系统运行进入动态膜过滤阶段。在外加抽吸压力或作用水头的作用下，反应器中的混合液可以在动态膜的作用下进行固液分离，出水浑浊度符合水质标准的要求。在动态膜过滤运行时，一般采取恒定通量，变抽吸压力的运行方式。随着过滤的进行，待过滤混合液中的杂质逐步堵塞动态膜泥饼的过滤孔道，引起过滤阻力的上升，从而引起跨膜压力的上升和膜通量的下降。当过滤压力上升到预先设定的数值时，动态膜停止过滤，紧接着进行反冲洗。动态膜的反冲洗比膜生物反应器反冲洗容易，一般采取气冲、水冲或气水联合反冲洗的方式。反冲洗水或反冲洗气的运行方向与动态膜过滤方向相反，产生的逆向作用力会引起动态膜与基膜剥离，从而达到反冲洗的目的。当三个运行阶段结束后，一个完整的动态膜运行过程结束，之后是不断的循环往复过程。

2.2　动态膜基网及基质

动态膜技术实质是人为利用新形成的具有致密结构的泥饼层，提高廉价大孔支撑基网的固液分离性能，从而达到既使出水水质优良，又降低膜组件造价、减缓膜污染的目的。用来形成动态膜的待过滤混合液或添加的预涂剂称为动态膜基质；为动态膜提供支撑的组件材料被称为动态膜基网。

2.2.1　动态膜基网

动态膜组件的基膜材料种类很多，可以不局限于微滤膜和超滤膜等小孔径膜，这是和传统膜生物反应器在材料选择上的一个重要区别，也是动态膜技术可以降低成本的一个重要原因。选择动态膜组件的基膜时，应考虑材料的强度、化学稳定性、耐污染性、使用寿命、亲水性和膜造价等方面（黄霞和桂萍，1998）。动态膜最初是在传统膜上形成的，如反渗透膜、超滤膜和微滤膜。后来，一些无机高分子材料也被用于动态膜支撑体，常用的有无纺布、编织布、不锈钢丝网、尼龙网、涤纶网、滤布和陶瓷管等（表 2-1）。不同的支撑体适用于不同的操作条件。编织布和无纺布相对造价低廉，但不能长期运行，而不锈钢丝网和陶瓷管有良好的耐受性，但价格较昂贵。

表 2-1　动态膜材料和成膜条件

成膜材料	支撑材料/μm	处理物质	成膜类型	参考文献
水合 Zr（Ⅳ）氧化-PAA	不锈钢管	工业废水	预涂	（Groves et al.，1983）
Zr（Ⅳ），Al（Ⅲ），Fe（Ⅲ）	陶瓷管（0.5~1.0）	胶体溶液	预涂	（Nakao et al.，1986）
—	陶瓷管	糖溶液	自生	（Kishihara et al.，1989）
Ca-oleate，CdS，ZrO_2	高分子膜（0.2）	卵清蛋白溶液	预涂	（Turkson et al.，1989）
水合 Zr（Ⅳ）氧化物	陶瓷管（0.5）	葡聚糖溶液	预涂	（Ohtani et al.，1991）
卵清蛋白，γ-球蛋白	陶瓷管（0.05）	卵清蛋白溶液	预涂	（Matsuyama et al.，1994）
—	纺织布管	城市污泥	自生	（Pillay et al.，1994）
Zr-PAA	陶瓷/金属网 MF	硝酸钠溶液	预涂	（Correia and Judd，1996a）
MnO_2，$CaCO_3$，$FeCl_3$，$NaAlO_2$	涤纶纺织布（20~40）	预处理后的城市污水	预涂	（Al-Malack and Anderson，1997a）（Al-Malack and Anderson，1996）

续表

成膜材料	支撑材料/μm	处理物质	成膜类型	参考文献
固体颗粒	氧化铝 MF/UF 膜 (0.1/0.01)	凤梨汁	自生	(Jiraratananon et al.，1997)
水合 Zr（Ⅳ）氧化物	陶瓷管（0.2）	葡萄糖和卵清蛋白溶液	预涂	(Chen and Chiang, 1998)
高岭土	不锈钢丝网（4.7）	醋酸钠聚合物	预涂	(Wang et al.，1998)
Zr-PAA	聚丙烯和聚乙烯无纺布	卵清蛋白溶液	预涂	(Altman et al.，1999)
—	陶瓷管（0.2）	固定化 α-Amylase	预涂	(Tien and Chiang, 1999)
Zr-dextran	不锈钢管（0.5～5）	血红蛋白溶液	预涂	(Wang et al.，1999)
MnO₂	聚乙烯（PE）管（5～20）	硅藻土污水；炼油废水	预涂	(Cai et al.，2000)
非凝固-热凝固型聚合物	醋酸纤维素 RO 膜	Na₂SO₄ 溶液	预涂	(Knyazkova and Kavitskaya, 2000)
PVA	无纺布（PAN PVDF Nylon）	蛋白溶液	预涂	(Na et al.，2000)
水合 Zr 氧化物	无纺布（tens）聚砜 MF 膜（3）	蛋白溶液	预涂	(Rumyantsev et al.，2000)
—	尼龙网（100）	合成污水	自生	(Kiso et al.，2005) (Kiso et al.，2000)
—	涤纶网（100）	生活污水	自生	(Fan and Huang, 2002)
高岭土，硅藻土，富勒土	纺织布管	二次出水	预涂	(Noor et al.，2002)
聚丙烯酸甲酯（PMMA）颗粒	聚偏氟乙烯（PVDF）膜（0.1）	葡萄糖分子溶液	自生	(Hwang and Cheng, 2003)
—	聚丙烯无纺布	生活污水	自生	(Seo et al.，2007) (Seo et al.，2003)
黏土颗粒	UF/RO	合成 Co（Ⅱ）离子	预涂	(Kryvoruchko et al.，2004)
—	网（100～500）	生活污水	自生	(Park et al.，2004)
—	尼龙纺织布（30）	合成生活污水	自生	(Fuchs et al.，2005)
PAC	中空纤维（0.2）	合成污水	预涂	(Li et al.，2005)
—	无纺布	合成生活污水	自生	(Wu et al.，2005)
Fe(OH)₃/ MnO₂·2H₂O/ Mg(OH)₂	Al₂O₃ 陶瓷管（5）	合成含油废水	预涂	(Zhao et al.，2005) (Zhao et al.，2006)
PVA/PEG	UF	合成印染废水	预涂	(de Amorim and Ramos, 2006)
—	滤布	工业废水	自生	(Chu and Li, 2006)
—	陶瓷管（2）	己内酰胺废水	预涂	(Li et al.，2006)
FeCl₃	UF/NF	原水	预涂	(Sharp and Escobar, 2006)
—	网（100）	生活污泥	自生	(Wang et al.，2006)
PAC	涤纶滤布（56）	生活污水	预涂	(Ye et al.，2006)
生物硅藻土	不锈钢丝网（74）	生活污水	预涂	(Chu et al.，2008) (Cao et al.，2010) (Chu, 2012)

成膜材料	支撑材料/μm	处理物质	成膜类型	参考文献
—	无纺布网	合成生活污水	自生	(Jeison et al.，2008)
城市活性污泥	尼龙滤网（30）	蒸馏废水	自生	(Satyawali and Balakrishnan, 2008)
—	聚丙烯无纺布	活性污泥混合液	自生	(Zhou et al.，2008b)
—	无纺布（0.64）	二次出水	自生	(An et al.，2009)
TiO$_2$	无纺布（2）	4-chlorophenol	预涂	(Horng et al.，2009)
—	纺织布	生活污水	自生	(Liu et al.，2009)
PAC	涤纶网（150）	原水废水	预涂	(Xu et al.，2009b)
—	编织尼龙网	生活污水	自生	(Walker et al.，2009)
生物硅藻土 PAC-硅藻土	不锈钢丝网（74）	微污染水	预涂	(Chu et al.，2010) (Chu et al.，2012a) (Chu et al.，2012b)
—	无纺布（100）	家庭污水	自生	(Ren et al.，2010b)
—	涤纶网（61）	生活污水	自生	(Zhang et al.，2010b) (Zhang et al.，2011)
高岭土/MnO$_2$	Al$_2$O$_3$陶瓷管（1）	含油废水	预涂	(Yang et al.，2011)
—	无纺布	合成废水	自生	(Liang et al.，2012)
硅藻土	不锈钢丝网（80）	微污染地表水	预涂	(Yu et al.，2012)

2.2.2　动态膜基质

根据自生动态膜和预涂动态膜的定义，动态膜基质可分为两大类：待过滤混合液和添加的预涂剂（Xu et al.，2009a）。因形成机制不同，自生动态膜和预涂动态膜的成膜基质也有很大差别（表 2-1）。在污水或污泥中的悬浮固体、生物絮体和其他大分子物质通常被用作自生动态膜生物反应器的成膜材料。与超滤膜结合的自生动态膜曾被用于澄清甘蔗汁和其他糖溶液。由聚甲基丙烯酸甲酯（PMMA）和葡聚糖组成的复合型动态膜被证实是良好的涂膜材料。甚至菠萝汁中的固体颗粒也可以成为动态膜的成膜材料。

许多水合氧化物、天然高分子电解质和有机合成电解质可用作动态膜的成膜材料（Cai et al.，2000）。迄今为止，已有许多研究关注水合氧化物特别是 Zr 氧化物。Grove 等（1983）使用 Zr（Ⅳ）/PAA 预涂动态膜处理工业废水。Correia 和 Judd（1996a）使用 Zr-PAA 处理 NaNO$_3$ 溶液。Ohtani 等（1991）使用 Zr 氧化物动态膜处理葡聚糖溶液。其余的可被处理溶液包括卵清蛋白溶液、葡萄糖和牛血清白蛋白溶液等（Altman et al.，1999；Rumyantsev et al.，2000；Horng et al.，2009）。一些氧化物和水合氧化物如 TiO$_2$（Horng et al.，2009）、MnO$_2$（Al-Malack and Anderson，1996；Cai et al.，2000）、Mg（OH）$_2$和 Fe（OH）$_3$（Zhao et al.，2005，2006）等也可用于成膜。生物硅藻土（Chu，2012；Chu et al.，2012a）、活性炭（Li et al.，2006；Ye et al.，2006；Tian et al.，2008b）、高岭土（Wang et al.，1998）、黏土、卵清蛋白、丙种球蛋白（Matsuyama et al.，1994）、聚合物（Knyazkova and Kavitskaya，2000）、凝胶等（Ye et al.，2006）也被证明是适宜的成膜材料。一些学者使用矿物质（沸石、硅藻土、高岭土、片状硅酸盐和石灰岩）预涂动态膜处理自来水（Holdich and Boston，1990）。他们总结出窄粒径分布且结构匀称的矿物质可以实现高水通量。另一研究中，某些惰性矿物质，如高岭土、硅藻土和漂白土被用作动态膜成膜材料。其中高岭土被认为是其中最经济有效且易于清洗的的物质。

　　某些研究涉及复合型动态膜。本书研究组使用活性炭-硅藻土复合动态膜处理微污染地表水。Yang 等（2011）使用 Kaolin/MnO$_2$ 双层动态膜处理含油废水。Wang 等（1999）使用葡聚糖-Zr 复合动态膜浓缩血红蛋白溶液。根据上述研究，复合型动态膜比单一型动态膜的过滤效果更好，这为未来的研究拓展了思路。

2.3　动态膜的形成及运行机理

2.3.1　动态膜过滤分析

　　动态膜形成基质种类繁多，因此，动态膜性质具有多变性，其形成机理和结构还没有被完全了解。接下来对一些主流理论进行介绍。

　　Tanny 和 Johnson Jr（1978）将动态膜的形成分为三类。第一类动态膜是颗粒粒径大于膜孔径时以浓差极化作用形成的动态膜。Nakao 等（1986）的研究表明 Al（Ⅲ）和 Fe（Ⅲ）胶体在氧化铝陶瓷管上形成的动态膜属于第一类动态膜，这类膜不具有良好的力学耐久性。第二类动态膜是颗粒粒径远小于膜孔径时形成的动态膜。此时通量下降主要由于膜孔内部堵塞而不是泥饼层的形成。Al-Malack 和 Anderson（1996）的研究指出动态膜的形成遵循标准过滤法则，粒径小于膜孔径的颗粒通过膜孔时，在开始的数分钟内，颗粒的碎片会沉积在膜孔内部造成膜孔堵塞，进而按照经典滤饼过滤模型发展。第三类动态膜是过滤聚合物或聚电解质分子这类粒径大小与孔径相同的物质形成的动态膜。凝胶动态膜属于第三类动态膜（Tsapiuk，1996）。此类动态膜形成时的体积流量变化遵循浓差极化-凝胶层模型。

Hermia（1982）首先提出四种经典过滤模型，包括：对应于第一类动态膜的滤饼堵塞模型；对应于第三类动态膜的完全堵塞模型和中间堵塞模型；对应于第二类动态膜的标准堵塞模型。这些模型同样也可以解释动态膜的形成和通量变化。与其相似的结论将动态膜过滤分类为滤饼过滤、完全堵塞过滤、中间堵塞过滤和标准堵塞过滤（Yu and Dong，2011）。

对于泥饼层的形成，传统 MBR 反应器在污水处理过程中通常分为三个阶段：过滤初始的膜孔堵塞阶段、泥饼形成阶段和泥饼压缩阶段（Meng et al.，2005b）。在第二阶段和第三阶段，可以观察到因泥饼压缩造成的过滤阻力上升和膜孔隙率下降。因大多数动态膜都具有压缩性或半压缩性（Cao et al.，2010），上述泥饼层的形成阶段对于动态膜泥饼层的形成有借鉴意义。Cai 等（2000）将动态膜形成分为两个阶段：支撑体孔径调节和动态膜在支撑体上的形成。另一个三阶段动态膜形成理论将膜污染过程包含在内（Zhang et al.，2010b）。在分离层形成阶段，疏水性大孔径支撑体被沉积在其表面且粒径与其孔径相似的亲水性污泥改造。在稳定增长阶段，动态膜的质量和厚度同时增长。在膜污染阶段，动态膜被压缩致使过滤阻力急剧上升。Liu 等（2009）提出的理论包含与上述理论相似的第一阶段（称为基质形成阶段），但将第二阶段和第三阶段划分为三个阶段：遵循完全堵塞模型的分离层形成阶段、污染层形成阶段和过滤泥饼形成阶段。

总体来说，过滤时升力和拖拽力的平衡决定了颗粒的迁移（Altmann and Ripperger，1997）。如果拖拽力大于升力，则颗粒会在支撑体或膜表面沉积。在低过滤流速下，微小颗粒比大颗粒更容易沉积（Orchard，1989）。三种机理，即静电（离子）引力、疏水相互作用和氢键结合可用以解释颗粒在膜表面的沉积。此外，静电作用力、范德华力、疏水/亲水相互作用力和高分子间位阻作用力对动态膜/支撑体间的相互作用也至关重要（Al-Malack and Anderson，1996）。

在不同的研究中，动态膜运行周期被分为不同的阶段。实验证明一个动态膜运行周期大致可分为三个阶段。第一阶段，颗粒在动态膜表面的沉积和排列使过滤阻力增加，膜孔隙率和过滤阻力变化不大。第二阶段，泥饼层压缩和胶体变形使过滤阻力急剧升高，膜孔隙率下降。第三阶段，平均泥饼孔隙率因新形成泥饼的松散结构而上升（Hwang and Hsueh，2003）。Fan 和 Hwang

（2002）将动态膜运行周期分为形成期、稳定期和堵塞期。Xu 等（2009b）依据过滤阻力变化划分出泥饼形成期、内部污染期和外部污染期。Yu 等（2012）将反洗阶段添加到运行周期中从而划分出预涂阶段、过滤阶段和反洗阶段。

2.3.2　动态膜形态结构特性

大部分学者对动态膜的构成比较认可两层理论，即滤饼层和凝胶层（Zhou et al.，2008b）。凝胶层在传统 MBR 的膜表面都会出现，是由胶体大小的分子在膜的表面附着而成的（Bouhabila et al.，2001）。这些物质主要源自于微生物产物，包括溶解性微生物产物和胞外多聚物。溶解性微生物产物通常被认为可以用上清液 TOC 的含量来表示，主要是腐植酸和富里酸、多糖、蛋白质、核酸等物质，其中不乏大分子有机物和胶体颗粒（Barker and Stuckey，1999）。溶解性微生物产物容易与膜发生作用，对膜有很强的污染能力（Wisniewski and Grasmick，1998）。胞外多聚物主要由蛋白质和多糖组成，是污泥絮团的主要成分并使微生物成团，也是传统膜表面的主要污染物（Nagaoka et al.，1996）。在传统 MBR 的研究中，一些研究者也注意到膜表面的凝胶层一方面增加了过滤阻力，另一方面也提高了膜的截留能力（Lee et al.，2001）。动态膜片表面的凝胶层还附着了很多细菌，主要是丝状菌、球菌、杆菌等，既可以看到有活体存在，也可以看到有一些死亡的菌体。同时可以看到除了在凝胶层的表面附着有细菌外，一些细菌或细菌的尸体也可能被包裹于凝胶层中或者附着在凝胶层的下面。微生物（丝状菌等）对凝胶层在基网上的形成有促进作用，同时还增强了凝胶层的强度。滤饼层对较大颗粒有初滤的作用，将绝大部分颗粒物挡在滤饼层之外，使凝胶层无须直接面对较大颗粒的冲击，对凝胶层有保护作用。凝胶层紧贴基网，与基网结合比较紧密，一般的水反冲洗或气反冲洗不能使其完全脱落。此外，也有少数学者把动态膜结构分为三层：物质层、分离层、污染层，且颗粒大小从内到外逐渐变小（Liu et al.，2009）。

动态膜表面颗粒沉积比较平整、均匀，有很多透水的微孔。有学者发现，陶瓷管表面高岭土动态膜表面略显不平整，但不影响处理效果（李俊等，2006）。在动态膜过滤阶段，滤饼被压缩导致过滤阻力增加、孔隙率下降（Hwang and Hsueh，2003）。Meng 等（2005a）研究活性污泥动态膜滤饼发现：滤饼表面颗粒密集、没有孔隙；滤饼很容易被压缩；孔径分布受滤饼可压缩程度的影响非常大；高跨膜压力容易引起滤饼压缩，孔隙度减小，过滤阻力增加。混合液污泥的活性大于动态膜污泥，有机物的去除主要是由于反应器中污泥混合液的生物降解作用（吴季勇等，2004；魏奇锋等，2007a；魏奇锋等，2007b）。造成动态膜生物活性低的原因可能有：①动态膜由外至内，溶解氧逐渐减少（Zhou et al.，2008a）；②由于泥饼层外部对混合液大部分物质的截留，进入泥饼层内部的有机物含量比混合液中减少；③动态膜更新和脱落的速度极慢，由此造成了动态膜上的微生物老化、活性较低（张建等，2007a）。

2.3.3　动态膜预涂影响因素

动态膜的形成受到多种因素的影响，至今没有得到系统的研究。然而，通过对某一或几个影响因素的研究，我们仍可以得到对未来研究有用的信息。

无论是预涂动态膜还是自生动态膜，在成膜阶段，数分钟内过滤通量和出水浊度急剧下降到一个较低的值，随后是一个较长且稳定下降的过程。这是由于对支撑体孔径的迅速调整及颗粒在支撑体表面沉积以形成动态膜。在预涂阶段出水的高浊度可以被解释为：①渗透进膜组件的混合液没有完全排空（Chu et al.，2008）；②高水通量产生很大的拖拽力使颗粒从膜表面或内部脱落进入出水（Chu，2012）。

支撑体的特征对动态膜的形成具有至关重要的作用。对于小孔径支撑体，泥饼过滤机制而不是膜堵塞占主导地位，使通量下降程度减轻并提高出水水质（Li et al.，2006）。已有研究证实支撑体孔径大小对动态膜的形成有重要意义。首先，膜堵塞阶段对于致密的膜来说持续时间更短，使动态膜更快形成（Altman et al.，1999）。其次，膜表面电荷影响颗粒与膜之间有静电相互作用（Al-Malack and Anderson，1997b）。最后，支撑膜的疏水/亲水性影响了颗粒的吸附。很多学者总结出亲水性膜会减轻膜污染并提高水通量（Jonsson and Jonsson，1991；Kim et al.，1991；Akay et al.，1999）。然而，一旦动态膜形成，支撑膜除了支撑作用提高动态膜强度外，对截留作用的贡献很小（Park et al.，2004；Cao et al.，2010）。

对于动态膜成膜材料的粒径，主流观点是越小的颗粒越容易被吸附在支撑体表面且有越好的截留效果。涂膜材料（如 $Fe(OH)_3$，$MnO_2 \cdot 2H_2O$ 和 $Mg(OH)_2$）曾被比较研究（Zhao et al.，2005）。粒径分析显示镁水合物有最小的粒径，形成的动态膜最致密但流体阻力也最大。在 Zr（Ⅳ），Al（Ⅲ）和 Fe（Ⅲ）中，Zr（Ⅳ）动态膜以最小的粒径拥有最良好的机械稳定性（Nakao et al.，1986）。研究也表明反向运输作用与粒径大小呈正相关，粒径分布的降低可能会提高颗粒沉积在支撑体表面的几率（Jeison and van Lier，2007）。同时，与大颗粒相比，小颗粒需要更长的时间堵塞支撑体（Altman et al.，1999）。

更高的悬浮液浓度会增强浓差极化作用产生更厚的动态膜，同时降低过滤通量（Nakao et al.，1986）。在一个 MnO_2 动态膜实验中，随着 $KMnO_4$（用以形成 MnO_2）浓度升高，MnO_2 动态膜的成膜时间显著缩短（Cai et al.，2000）。高浓度 $KMnO_4$ 下，所形成的 MnO_2 颗粒更易聚集形成具有大孔径的厚动态膜（Yang et al.，2011）。对于自生动态膜来说，在开始阶段越高的污泥浓度意味着越低的出水浊度，但是在稳定运行阶段随着微小絮体通过泥饼层，出水浊度会随之升高（Chu and Li，2006）。相似的结论也被其他学者发现，如 Fuchs 等（2005）。高错流流速虽然会提高水通量，但是同时也会产生高剪切力降低泥饼厚度甚至摧毁整个动态膜（Jiraratananon et al.，1997；Zhao et al.，2006）。

Xu 等（2009b）分别在 4cm 和 8cm 水头（WHD）下预涂 PAC 动态膜。实验证明预涂时水头越大所需涂膜时间越短，这和另一例采用 30～70cm 预涂水头的实验结果相吻合（Chu，2012）。甚至很小的水头如 5cm（Fan and Huang，2002）和 2cm（Chu and Li，2006）也曾确认可以预涂动态膜。基本上，预涂水头越大则所需涂膜时间越短，出水通量越高，但是水头过大会造成动态膜过于紧密，提高过滤阻力。

pH 在水合氧化物自生动态膜的形成中起着决定性作用。MnO_2，$Mg(OH)_2$ 和 $Fe(OH)_3$ 动态膜结构在 pH 低于 5 时会被迅速摧毁，而高 pH 条件下形成的动态膜结构松散（Cai et al.，2000；Zhao et al.，2005）。pH 的调整过程（不仅是最终 pH）同样会影响颗粒大小并进一步影响动态膜性质（Rumyantsev et al.，2000）。对于 Zr（Ⅳ）动态膜，颗粒体积随着硫酸根与 Zr 离子比值的升高而增大，此例中 pH 不是唯一影响颗粒大小的因素（Chen and Chiang，1998；Wang et al.，1999）。

2.3.4 动态膜运行影响因素

影响动态膜运行过程的主要因素有：错流流速、过滤压力和曝气强度。错流流速提高产生的剪切力升高会导致泥饼层上物质含量下降、膜孔隙率增大及总过滤阻力降低（Hwang and Cheng，2003）。错流流速较低的情况下会发生更严重的膜堵塞现象。过滤压力过高不仅会导致动态膜过厚，还会使泥饼层和凝胶层更致密（Hwang et al.，2001）。曝气是动态膜运行中的重要一环，其为微生物提供必需的氧气、防止泥饼层过厚、还可保证混合液充分流动混合（Yu and Dong，2011）。然而曝气强度过高会使出水浊度升高（Fuchs et al.，2005）。高曝气强度下产生的过大剪切力会降低泥饼层厚度从而使动态膜对 SS 的截留效率降低（Kiso et al.，2000）。适中的曝气强度可以减轻膜污染。Ye 等（2008）提出，当层流边界层厚度与动态膜厚度相当时的曝气强度为稳定曝气强度。

另外，动态膜生物反应器中的 F 与 M 的比值是影响絮体活性的重要指标。F/M 值越高，中等或较大体积的絮体越多。高 MLSS（通常意味着低 F/M 值）会造成过滤通量下降、出水浊度升高及膜孔堵塞。长 SRT 会产生更高的 MLSS 含量（Moghaddam et al.，2002a）。这与某些研究中延长 SRT、降低 F/M 值会促进内源呼吸从而降低剩余污泥产量的研究结果相一致（Ren et al.，2010b）。

2.3.5　动态膜污染

传统的膜污染是由进水中所含物质沉积或聚集在膜表面和/或膜孔内部造成的（Bourgeous et al.，2001）。凝胶/泥饼层形成、膜堵塞和膜缩小是膜污染的三种主要机制（Ahn et al.，1998）。依据污染物沉积地点，膜污染可分为内部污染和外部污染（Zhao et al.，2010）。内部污染由大分子或微粒吸附或堵塞膜孔产生，外部污染由污染物粘附或沉积在膜表面产生（Wang et al.，2012）。膜污染可以进一步被分为可逆污染和不可逆污染。根据不同的标准，对于可逆污染的定义为：①不耐受错流流速、反洗或人工清洗；②不耐受压力松弛实验；③不耐受化学试剂清洗（Choi et al.，2005），与之相反的则是非可逆污染。

基于动态膜的定义，膜污染与传统膜污染也不尽相同。动态膜污染的解释为：初始沉积在支撑体上的物质被视为动态膜的必需且理想的成膜物质，后续沉积会造成过滤阻力升高的物质被视为污染物（Chu et al.，2013）。现在被广泛接受的是，动态膜能够显著减轻支撑体的膜污染，而膜污染正是传统膜的主要缺陷（Lee et al.，2001）。动态膜可以通过减小小分子物质与支撑体的接触几率来降低支撑体膜污染（Yamagiwa et al.，1987）。Li 等（2005）证实将 PAC 加入反应器可以使其作为助滤剂通过吸附和絮凝作用降低本体溶液中的污染物含量，从而减轻膜污染。除此之外，其他学者也证实当颗粒（无论其性质）加入 MBR 反应器中时，膜污染变得不可压缩且过滤效果将得到改善

(Teychene et al.，2011)。

过滤阻力是动态膜正常运行和指示膜污染的重要参数。对于动态膜系统来说，总过滤阻力包括内部膜阻力、泥饼层阻力和凝胶层阻力。泥饼层阻力是可逆阻力，由松散结合的易被大剪切力和反洗清除的污染物形成。凝胶层阻力也是可逆阻力，由较强吸附的污染物形成，如胶体和微生物（Chu and Li，2006）。动态膜的总阻力一般来说比传统膜低 2~4 个数量级（Fan and Huang，2002；Cao et al.，2010）。动态膜的内部膜阻力和膜堵塞造成的阻力比过滤阻力小（Zhang et al.，2010b）。通过研究生物硅藻土动态膜的形成和运行过程，Chu 等（2008）进一步将过滤阻力分为动态膜增长阻力和压缩阻力。

2.3.6　动态膜污染机理

1. 传统膜污染机理

传统膜生物反应器运行过程中膜污染也会涉及泥饼层的形成。微滤膜或超滤膜上的泥饼层只是污染物的长时间累积，而不是设计者追求的污染物分离层，这与动态膜依靠泥饼层进行分离的设计不同，但有关传统膜生物反应器膜污染的相关研究可以为动态膜结构及膜污染的研究提供必要的研究基础和借鉴。

通常，膜污染起初是膜孔堵塞，紧接着是泥饼层形成。起初膜孔堵塞是过滤压力开始上升的主要原因；膜连续产水使污泥和小絮体有很强的沉积在膜表面的趋势。污染层孔隙率、压缩变形、组分构成、形态结构等是引起膜污染和影响膜过滤阻力的重要因素。Hwang 和 Hsueh（2003）认为整个膜过滤过程可以分为三个阶段。第一阶段，胶体颗粒在膜表面沉积和重组使总过滤阻力上升，此时泥饼平均孔隙率和比过滤阻力有轻微变化；第二阶段，由于泥饼压缩和胶体颗粒变形，泥饼孔隙率下降、过滤阻力迅速上升；第三阶段，由于新形成泥饼层的变松使平均孔隙率逐渐上升。在第二阶段，当一定厚度的泥饼层形成时，一层紧邻滤膜的紧密表层出现，厚度为整个泥饼层的 10%~20%，但贡献了 90% 的过滤阻力。Wang 等（2012）在 MBR 运行中也发现膜污染层可以明显分为凝胶层和泥饼层。与泥饼层相比，凝胶层孔隙率较低，过滤阻力较大。溶解性微生物产物是两层污染物中主要的溶解性有机物；凝胶层污染物主要由类蛋白质物质构成，分子量大于泥饼层污染物；而泥饼层中除了类蛋白质物质外，还有类腐植酸物质。

通过比较蛋白质、多聚糖、细胞和油脂的孔隙率发现，蛋白质的孔隙率最低，之后是多聚糖、细胞和油脂（Meng et al.，2010）。通常，由于生物高分子聚合物（如多聚糖）的累积，靠近膜表面的污染层孔隙率较低；随着泥饼层的增厚，孔隙率增加并趋于稳定（Chen et al.，2006；Park et al.，2007），即泥饼层孔隙率从顶部到底部呈下降趋势；泥饼层孔隙率很大程度上与作用压力有关，高跨膜压力对应低泥饼层孔隙率（Gao et al.，2011b）。因为污泥颗粒在压力作用下可变形，且过滤过程颗粒会进行位置重组，形成的泥饼层可被压缩，使孔隙率下降，过滤阻力上升（Yu et al.，2006）。通常，泥饼层的粗糙度低意味着泥饼层结构被压缩，因此，泥饼污染层高粗糙度有助于获得较好的过滤表现。分析泥饼污染层孔隙率运行过程中的变化，有助于更好地理解膜污染的历史。

过滤过程中颗粒会沉积在膜表面，且过滤通量超过临界通量时更加明显。高错流流速会将大颗粒带回到混合液中，从而导致小颗粒的沉积。与混合液相比，污染泥饼的顶层和中层颗粒粒径分布范围较广（Lin et al.，2011），颗粒平均粒径由小到大的顺序依次是顶层泥饼层＜中层泥饼层＜底层泥饼层（Gao et al.，2011b）。Meng 等（2007）、Wang 等（2008）报道泥饼层颗粒粒径比混合液颗粒粒径小。通过向活性污泥中添加大粒径颗粒可以提高临界通量；膜污染减轻主要归因于大粒径颗粒对小粒径颗粒的拆分重组作用增强（Zhang et al.，2006）。从引起膜污染的物质种类分析，生物高分子聚合物（紧附 EPS 和 SMP 都含有生物高聚物）被认为在膜污染中起主要作用（Fonseca et al.，2007；Tian et al.，2008b），而小分子物质（如腐殖质、低分子酸和中性物质）对膜污染贡献较小。因为 MBR 中膜污染很大程度上取决于生物高分子聚合物污染，污泥中高分子聚合物定量分析非常重要。有报道显示，生物高聚物占总 DOC 的比例较小，如只占 6％～25％（Rosenberger et al.，2005）。污泥中高生物高聚物浓度会导致高污染特性。通过三维荧光光谱分析，蛋白质是引起膜污染的主要物质。腐殖质比蛋白质尺寸小，因此它们可以较容易通过膜；但蛋白质会被膜稳定截留。由于阳离子架桥作用，无机离子会与 EPS 等化合物反应并形成金属‐EPS 复合物（Li and Elimelech，2004；Meng et al.，2007），会增强泥饼污染层的压缩程度，将会导致膜通量的快速下降、膜清洗频率提高和膜寿命的缩短。同时，一旦微生物粘附发生，膜表面憎水特性将增强，会使其他微生物更易沉积到膜表面，加剧膜污染（Meng et al.，2010）。

2. 动态膜污染分析

与大量关于传统膜生物反应器膜污染的研究相比，针对动态膜污染机理方面的研究还比较少。

进水中颗粒粒径会影响动态膜膜污染。在使用形成于工业滤布上的动态膜处理生活污水的实验中，滤布表面污泥的粒径明显小于生物反应器中颗粒的粒径，意味着微小絮体更容易吸附在膜表面（Chu and Li，2006）。这与微粒更易沉积在膜表面的论断相一致（Zhang et al.，2011）。

临界通量是启动时若低于该通量则运行出水通量不随运行时间延长而下降的通量（Field et al.，1995）。临界通量是直接关系到膜污染的重要参数。其与污泥浓度、SCOD、膜孔径呈负相关，与曝气强度呈正相关，与初始通量没有明显关联（Wu et al.，2008）。首例有关动态膜临界通量的研究来自 Satyawali 和 Balakrishnan（2008）。他证实了上述结论并且进一步指出附载于金属网上的自生动态膜临界通量低于传统膜。临界通量这一概念在自生动态膜生物反应器上的应用将动态膜压缩性这一干扰因素考虑在内，并且提出了符合间歇性松弛周期的阶梯式 TMP 原则（Liang et al.，2012）。

进水生物特征对膜污染有重要影响。胞外多聚物（EPS）是生物膜、生物絮体、活性污泥等生物聚集体的构建材料（Le-Clech et al.，2006），包括多糖、蛋白质、核酸和其他被发现于细胞外表面或生物聚集体内部的聚合物（Flemming and Wingender，2001）。EPS 可分为溶解性 EPS 和结合性 EPS。Moghaddam 等（Moghaddam et al.，2003）首次报道 EPS 含量是影响自生动态膜生物反应器膜污染的主要因素。然而他的后续实验却表明污泥中 EPS 含量与膜孔堵塞没有直接关联。不同的实验结果可能来自于运行环境和材料等的差异性，这也是研究人员对于动态膜进行系统研究的最大阻碍。相比于进水和出水，从膜污染层提取出的 EPS 具有更宽的分子量和重均分子量分布。EPS 含量对于膜污染的影响主要表现在，当 EPS 含量上升时，稳定出水时间明显缩短（Wang et al.，2006）。具有高 SMP 和 EPS 含量的污泥颗粒也被证实更容易粘附在支撑膜表面（Zhang et al.，2010b）。另外，膜污染层中的类腐植酸成分高于污泥中的，证明其在膜表面的吸附有助于膜污染层的形成（Zhang et al.，2011）。长 SRT 和低 MLSS 浓度可以减少 SMP 和 EPS 含量（Chang and Lee，1998；Liang et al.，2007）。

在动态膜生物反应器处理生活污水的实验中，低丝状菌和后生动物含量被认为是造成膜堵塞的主要原因（Moghaddam et al.，2003，2006），这与传统膜生物反应器中丝状菌会导致更严重的膜污染结论相反（Pan et al.，2010）。

第3章

动态膜成膜过程特性

3.1 试验装置及运行

3.1.1 城市生活污水动态膜装置及运行

实例1 试验用的生物强化硅藻土动态膜反应器（BDDMR）由缺氧池、好氧池、动态膜滤池三个部分组成，装置示意图如图3-1所示。动态膜滤池有环流设计部分。缺氧池、好氧池、动态膜滤池（除环流部分）设计尺寸相同，长、宽、高分别为19cm、16cm和40cm，容积均为12.16L；动态膜滤池环流部分容积为2.72L。动态膜反应器总容积为39.2L，试验中实际总有效容积为35L。本试验中动态膜支撑体采用平板膜结构。动态膜支撑体表面支撑网采用74μm不锈钢网。每块动态膜支撑体表尺寸为28cm×15cm，厚2cm，双侧有效过滤面积为0.084m²。动态膜支撑体在动态膜滤池中采用浸没式安装。预涂时从支撑体下出水口进行预涂循环，预涂结束后从支撑体上的出水口进行过滤出水。试验用的接种污泥（MLSS为5400 mg/L）和试验用的原污水（水质见表3-1）均取自上海某城市污水处理厂。

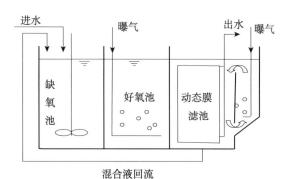

图3-1 实例1中生物强化硅藻土动态膜反应器示意图

实例2 试验用的动态膜生物反应器装置示意图如图3-2所示。反应器由有机玻璃制成，有效容积为 20 L，其中厌氧池：缺氧池：好氧池＝1（5 L）：1（5 L）：2（10 L）；回流比：R（好氧池回流至缺氧池）＝200％，r（缺氧池回流至厌氧池）＝100％。反应器各池都设有搅拌装置，使污泥混合液混合均匀。好氧池采用下端曝气，气量通过转子流量计控制。将针孔曝气管固定于膜组件正下方，为微生物生长提供足够的溶解氧，同时产生的气泡对膜组件表面进行冲刷，抑制混合液中悬浮物或胶体物质在膜面的过度沉积以减缓膜污染。动态膜组件为自制平板膜，上下各开一个出水口，滤液透过膜面进入膜组件内腔随上出水口收集管流出；而下出水口用于动态膜预涂和反冲洗等。表面支撑体采用孔径为 38 μm（400 目）的不锈钢网，双侧过滤且有效过滤面积为 0.042 m²。接种污泥取自上海曲阳污水处理厂二沉池回流污泥，MLSS 为 7432 mg/L，MLVSS 为 6597 mg/L，污泥接种到反应器后进行驯化培养。试验进水按照典型的生活污水水质进行人工模拟合成，其配水水质特征见表 3-1。

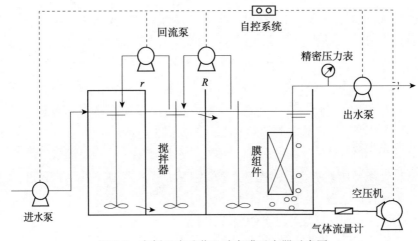

图 3-2　实例 2 中硅藻土动态膜反应器示意图

实例 3　试验用的生物强化活性炭动态膜反应器由缺氧池、好氧池、好氧动态膜过滤池三部分组成，总有效容积 40L，各部分体积比为 1：1：1，反应池体由硬 PVC 板制成，在各反应区内均设有搅拌器以防止污泥沉淀。装置示意图如图 3-3 所示。动态膜组件下端为重力预涂管，通过作用水头对膜进行混合液预涂成膜；膜上端管口接蠕动泵，为预涂成膜结束后稳定过滤运行阶段动态膜蠕动抽吸作用出水。在动态膜上端抽吸管路上装有精密真空压力表，用以测量蠕动泵抽吸负压值（即动态膜运行压力），从而表征动态膜两侧压力差及膜过滤阻力。接种的污泥取自上海市曲阳污水处理厂污泥浓缩池（MLSS 为 6000mg/L），采用曲阳污水处理厂的实际生活污水作为进水，进水水质见表 3-1。

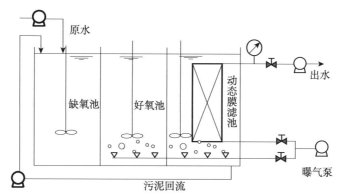

图 3-3 实例 3 中生物强化活性炭动态膜反应器示意图

表 3-1 城市生活污水动态膜装置实例进水水质

实例编号	CODCr/(mg/L)	NH3-N/(mg/L)	SS	pH	水温/℃
1	113.4～582.7	5.6～11.21	20.5～360.5mg/L	6.5～7.4	15～33.5
2	276～447	21.2～30.7	1.49～3.55NTU	6.8～7.5	20～30
3	140～380	18～32	300～800mg/L	6.5～7.4	15～30

3.1.2 微污染水动态膜装置及运行

实例 4 试验中生物强化硅藻土动态膜反应器只由好氧池一部分组成，平板型动态膜支撑体直接浸没安装在好氧池内。试验装置示意图如图 3-4 所示。好氧池长、宽、高分别为 20cm、15cm 和 31cm，总容积为 9.3L，运行时有效容积为 8L。动态膜组件包括上、下两个出水口，支撑体表面尺寸为 20cm× 11.5cm，双侧有效过滤面积为 0.046m²。支撑体表面支撑网采用不锈钢网，当量孔径为 74μm。试验选取同济大学校内三好坞河水作为试验原水。试验期间进水水质见表 3-2。

实例 5 试验用生物强化硅藻土动态膜反应器由两个连续好氧池和好氧动态膜滤池（DMF）三个部分组成；各部分设计尺寸相同，长、宽、高分别为 19cm、16cm 和 40cm，容积均为 12.16L；BDDMR 总有效容积为 35L，装置示意图如图 3-5 所示。生物硅藻土动态膜（BDDM）支撑体采用平板膜结构。BDDM 支撑体表面支撑网采用 48μm 不锈钢网，支撑体表尺寸为 19.5cm× 11cm，双侧有效过滤面积为 0.043m²。BDDM 支撑体在动态膜滤池中采用浸没式安装。BDDM 预涂时从支撑体下出水口进行预涂循环，预涂结束后从支撑体上出水口进行过滤出水。试验选取同济大学校内三好坞河水作为试验原水。试验期间进水水质见表 3-2。

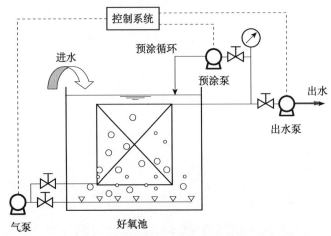

图 3-4 实例 4 中生物强化硅藻土动态膜反应器示意图

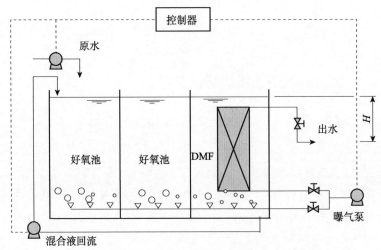

图 3-5 实例 5 中生物强化硅藻土动态膜反应器示意图

实例 6 试验用的粉末活性炭-硅藻土（PAC-DE）联用装置如图 3-6 所示。装置尺寸为 0.2m×0.15m×0.5m，有效容积为 12L，有效水深为 0.4m，为完全混合式反应器。动态膜过滤组件采用淹没式安装。在反应器底部布置穿孔曝气管曝气。反应器中安装搅拌器。反应器设计进水量为 2~4L/h，停留时间为 3~6h。试验水样取自同济大学校园内河三好坞。该水体贯穿校园大部，氨氮含量夏季一般为 0.1~0.3mg/L，冬季含量可高达 1~2mg/L，高锰酸盐指数一般为 4~10mgO₂/L，属于典型的微污染原水。考虑夏季氨氮含量偏低，投加一定量硫酸铵以增加其中的氨氮含量。补充氨氮后的进水水质见表 3-2。

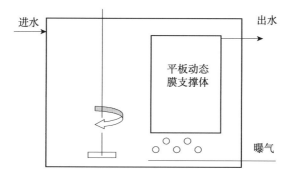

图 3-6　实例 6 中粉末活性炭-硅藻土联用动态膜反应器示意图

表 3-2　微污染水动态膜装置实例进水水质

实例编号	UV$_{254}$	COD$_{Mn}$/mg/L	NH$_3$-N/mg/L	浊度/NTU	pH	水温/℃
4	0.061~0.084	4.44~6.13	1.26~2.52	2.49~6.50	6.95~7.95	9~29
5	0.076~0.097	5.1~8.2	0.74~2.35	—	—	—
6	0.045~0.101	4.08~11.30	1.012~3.528	3.21~6.48	6.92~7.83	7.2~30.6

3.2　检测指标及试验方法

本书所涉及的主要测试项目及测试方法列于表 3-3 中。

表 3-3　主要测试项目表

分析项目	分析方法	方法来源或仪器厂家
COD$_{Cr}$	重铬酸钾法	（魏复盛等，2002）
COD$_{Mn}$	高锰酸钾法	（魏复盛等，2002）
浑浊度	2100N 浊度仪	美国 HACH 公司
NH$_3$-N	纳氏试剂比色法	（魏复盛等，2002）
NO$_3$-N	紫外分光光度法	（魏复盛等，2002）
TN	过硫酸钾氧化—紫外分光光度法	（魏复盛等，2002）
TP	钼锑抗分光光度法	（魏复盛等，2002）
TOC	总有机碳分析仪（TOC Analyzer）	日本 SHIMADZU
蛋白质	Folin-酚法	（Fr et al.，1995）
多糖	蒽酮比色法	（Raunkjær et al.，1994）
有机物分子量分布	Lc-10AD 凝胶色谱仪	日本岛津公司
有机物亲疏水性分析	树脂分离法	罗门哈斯公司
DOC	TOC-VCPH 测定仪	（魏复盛等，2002）
UV$_{254}$	紫外分光光度法	（魏复盛等，2002）
三卤甲烷前体物	色谱质谱法	USEPA Method 551.1
pH	玻璃电极法	雷磁 PHs-3C 精密 pH 计
DO	HQ10	HACH，USA

分析项目	分析方法	方法来源或仪器厂家
MLSS	重量法、103～105℃烘干 2h	(魏复盛等，2002)
MLVSS	重量法、600℃烘干 1h	(魏复盛等，2002)
温度	温度计法	GB13195-1991
污泥比阻	真空抽率法	(Vesilind，1980；金儒霖和刘永龄，1982)
污泥黏度	NDJ-79 型旋转式黏度计	同济大学机电厂
粒径分析	Accusizer 780 粒径分析仪	美国 Santa Barbara 公司
离心分析	高速离心机（CL-20B）	上海冷冻离心机厂
电镜分析	XL-30ESEM 型环境电子显微镜	荷兰 Philips 公司
红外光谱分析	Nicholet5700 傅里叶红外光谱仪	美国尼高力仪器公司
三维荧光分析	日立 F-4500FL 光谱仪	日本 Hitachi 公司
共聚焦扫描电镜分析	激光扫描共聚焦显微镜（Olympus FV1000）	日本 Olympus 公司
能谱分析	能谱分析仪（XL 30）	荷兰 Philips 公司
微生物总量	ATP 生物发光法	(Aycicek et al.，2006；Nakatsu et al.，2006)
脱氢酶	TTC 法	(刘红等，2004)
颗粒数	Versacount	IBR，USA
细菌总数	平板法	(魏复盛等，2002)
大肠杆菌	平板法	(魏复盛等，2002)

3.3 支撑基网对动态膜预涂成膜过程的影响

3.3.1 平板式动态膜组件结构

常见的动态膜组件主要分为平板式和管式两种，均由动态膜支撑基网和附着在基网上的动态膜基质构成。最初的动态膜支撑基网是如反渗透膜、超滤膜和微滤膜等的传统膜，接下来，一些无机高分子材料也被用于动态膜支撑基网，常用的有无纺布、编织布、不锈钢丝网、尼龙网、涤纶网、滤布和陶瓷管等。不同的支撑体适用不同的操作条件。编织布和无纺布相对造价低廉但是不能长期运行，而不锈钢丝网和陶瓷管有良好的耐受性但价格较昂贵。当今应用最广泛的动态膜组件为平板式动态膜组件，其结构通常为以不锈钢、铝合金、塑料等作为动态膜组件框架，在其上覆盖不锈钢丝网、尼龙网等动态膜基网，再通过动态膜预涂作用在基网上覆盖动态膜基质，形成自内而外的框架—基网层—基质层的组件结构。有时为了保持良好的机械稳定性，还会在基网层和框架中间添加大孔径支撑网层。本书中所有实例所用动态膜组件均以铝合金为框架，不锈钢丝网为基网，其结构如图 3-7 所示。

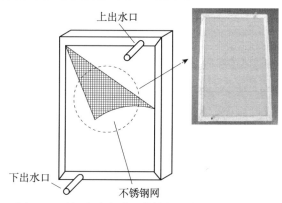

图 3-7　平板式动态膜组件结构示意图和实物照片

相比较于其他基网类型，不锈钢丝网具有机械性好、耐高压、耐腐蚀、可重复使用等优点，其电镜照片如图 3-8 所示，为编织结构。动态膜基质层通过重力预涂、机械抽吸等过程覆载于支撑基网表面，可通过反冲洗从基网表面剥落，本书实例中所用生物硅藻土动态膜如图 3-9（见彩图 1）所示。

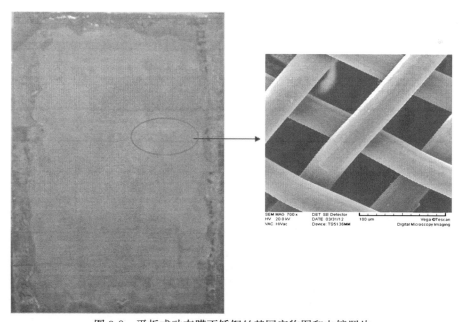

图 3-8　平板式动态膜不锈钢丝基网实物图和电镜照片

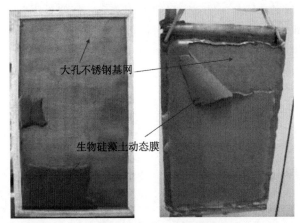

图 3-9　生物硅藻土动态膜形态

3.3.2　支撑基网对预涂过程的影响

支撑基网的特征对动态膜的形成具有至关重要的作用。对于小孔径支撑体，泥饼过滤机制占主导地位而不是膜堵塞，使通量下降程度减轻并提高出水水质（Vigneswaran and Pandey，1988）。已有研究证实支撑体孔径大小对动态膜的形成有重要意义。膜堵塞阶段对于致密的膜来说持续时间更短，使动态膜更快形成（Altman et al.，1999）。其次，膜表面电荷影响颗粒与膜之间的静电相互作用（Al-Malack and Anderson，1997b）。最后，支撑膜的疏水/亲水性影响了颗粒的吸附。很多学者总结出亲水性膜会减轻膜污染并提高水通量（Jonsson and Jonsson，1991；Kim et al.，1991；Akay et al.，1999）。然而，一旦动态膜形成，支撑膜除了支撑作用提高动态膜强度外，对截留作用的贡献很小（Park et al.，2004；Chu et al.，2008）。

在能够保证出水水质、便于运行的情况下，选择当量孔径大的不锈钢网可以降低制造成本，因此选择一当量孔径合适的不锈钢网就显得很有意义。为了考察不同当量口径支撑基网对动态膜的影响，实例 1 中共选取四种不同当量孔径的不锈钢网进行试验，分别为 $120\mu m$、$106\mu m$、$80\mu m$ 和 $74\mu m$，其在显微镜下放大 40 倍的照片如图 3-10 所示。从图 3-10 中可以看出，当量孔径为 $120\mu m$ 和 $106\mu m$ 的不锈钢网均匀采用平纹编织，孔径大小均匀分布；孔径 $80\mu m$ 和 $74\mu m$ 的不锈钢网采用斜纹编织，孔径大小分布不均匀。试验发现当量孔径为 $120\mu m$、$106\mu m$、$80\mu m$ 的三种不锈钢网不能满足 BDDM 使用要求，试验最终选择当量孔径为 $74\mu m$ 的不锈钢网作为 BDDM 试验用支撑网。后续试验研究结果也是基于当量孔径为 74μm 的不锈钢网而得出的。因此在此部分主要叙述当量孔径为 120μm、106μm、80μm 的三种不锈钢网做 BDDM 支撑体的研究结果，而将当量孔径为 74μm 的不锈钢网做 BDDM 支撑体的试验结果会在后续部分详细叙述。

选择动态膜组件支撑网主要通过以下指标加以考察：BDDM 预涂时间及其过程特性；运行过程动态膜出水 SS 变化等。

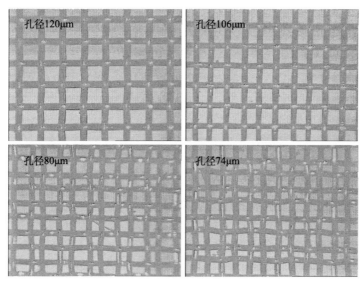

图 3-10　不同当量孔径不锈钢网照片

三种不同当量孔径动态膜组件预涂过程中出水 SS 随时间的变化情况如图 3-11 所示。预涂过程均采用重力预涂，恒定水头（0.6m）作用；出水 SS 评价指标根据《城镇污水处理厂污染物排放标准》（GB 18918—2002）中关于一级 A 排放标准规定：出水 SS＜10mg/L。

从图 3-11 可以看到当量孔径 80μm、106μm、120μm 的动态膜组件在分别经过 30min、40min 和 50min 时出水 SS 均低于 10mg/L，但 BDDM 预涂完成所需的时间逐次延长。由于试验用不锈钢支撑网孔径大于混合液中硅藻土颗粒，动态膜的形成主要依靠生物硅藻土颗粒之间的吸附架桥作用。不锈钢支撑网孔径越小越有利于生物硅藻土颗粒在支撑网表面的相互联结，从图中各不同支撑网当量孔径组件出水 SS 低于 10mg/L 所需的时间长短也可验证这一观点。但能够满足出水 SS 水质要求只是动态膜支撑网材料选择的一个指标，在预涂过程中还要考虑预涂时间长短对整个动态膜运行过程的影响。因为预涂时间长短会影响到装置利用效率和产水量高低。所需预涂时间越短，越有利于提高装置利用效率和增加装置产水量。此外试验还应考虑动态膜组件对 BDDM 过滤运行期间压力变化和出水水质稳定性的影响。接下来就动态膜支撑网孔径对 BDDM 过滤过程中出水 SS 的影响进行研究。

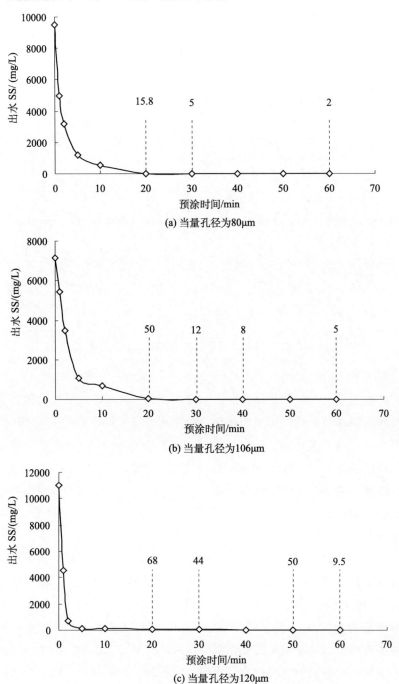

(a) 当量孔径为80μm

(b) 当量孔径为106μm

(c) 当量孔径为120μm

图 3-11　三种不同当量孔径动态膜组件预涂过程 SS 变化

动态膜组件预涂过程结束后，BDDM 进入运行过滤阶段。对支撑网的选择主要考察在 BDDM 运行过滤阶段，不同当量孔径动态膜组件动态膜出水 SS 的稳定性。试验考察了在多种 BDDM 过滤通量下动态膜组件的运行情况。为便于评价分析，此处均只选用比较有代表性的 BDDM 过滤通量为 50L/（m² · h）时，评价动态膜组件运行时出水 SS 的情况。三种不同当量孔径动态膜组件运行过程中过滤压力变化及出水 SS 的变化情况如图 3-12 所示。

从图 3-12（a）中可以看出动态膜组件支撑网当量孔径为 80μm 时，运行 4.33h 前出水 SS 浓度比较稳定，保持在 5mg/L 以下；之后动态膜出水 SS 浓度出现突变，出水 SS 达到 26.6mg/L，接下来出水 SS 浓度存在较大波动，且基本不能满足出水 SS 低于 10mg/L 的水质要求。从图 3-12（b）可以看出动态膜组件支撑网为当量孔径 106μm 时，运行 2.5h 后动态膜出水 SS 浓度不稳定，波动范围很大，且其出水 SS 浓度波动并不是随着 BDDM 运行压力上升而呈现规律性变化。从图 3-12（c）中可以看出动态膜组件支撑网当量孔径为 120μm 时，在运行 3.08h 前出水 SS 变化比较稳定，之后出水 SS 浓度存在突变，波动范围较大，且在整个运行周期内其出水 SS 浓度基本高于 10mg/L，在动态膜过滤运行结束时（运行压力 40kPa）出水 SS 高达 44.8mg/L。

由图 3-12 可以看到动态膜组件支撑网当量孔径为 80μm 和 106μm 时，在整个过滤运行前期可以满足出水 SS＜10mg/L 的要求，而动态膜组件支撑网当量孔径为 120μm 时，整个运行阶段出水 SS 基本不能满足水质要求。且三种组件在 BDDM 过滤运行过程中均存在出水 SS 突变和大幅波动现象。动态膜组件支撑网当量孔径越大越不利于 BDDM 在支撑网表面的形成。虽然预涂阶段生物硅藻土颗粒会通过彼此间的吸附架桥作用在三种支撑网表面形成，但由于 BDDM 自身的强度不高，需要支撑网对其提供与过滤出水方向相反的支撑力，来抵抗组件空腔内不断升高的过滤压力对其产生的作用。动态膜组件支撑网当量孔径越大，对 BDDM 的支撑作用越弱，容易引起 BDDM 上的生物硅藻土颗粒脱落到组件空腔随出水排出，从而引起出水 SS 浓度较高。同时，由于支撑网对 BDDM 的支撑不够，在 BDDM 受力不平衡的地方容易引起生物硅藻土的泄漏，导致出水 SS 浓度出现急剧增加的现象。

综合以上试验结果得出，当量孔径为 80μm、106μm 和 120μm 的不锈钢网作为 BDDM 组件支撑网时性能依次减弱。由于这三种当量孔径的不锈钢支撑网在 BDDM 过滤运行阶段，出水 SS 浓度存在较大波动，均不能满足装置出水需长期保持稳定的要求，所以后续试验不采用这三种当量孔径的不锈钢支撑网。试验发现当量孔径为 74μm 的支撑网组件形成的 BDDM 性能较好，可以满足试验长期运行的要求。因此后续试验结果均基于当量孔径为 74μm 的不锈钢支撑网组件上形成的 BDDM 而展开。

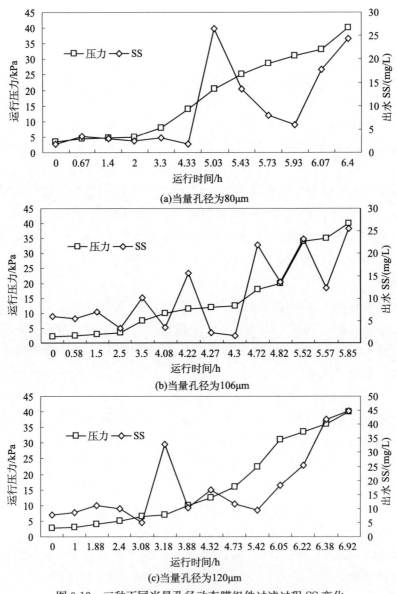

图 3-12 三种不同当量孔径动态膜组件过滤过程 SS 变化

3.4 预涂条件对动态膜预涂效果的影响

3.4.1 重力水头对预涂效果的影响

动态膜生物反应器的一个完整运行周期包括：预涂阶段、稳定运行阶段和反冲洗阶段三个阶段。预涂阶段的成膜好坏直接影响到其稳定运行阶段的过滤效果，因此动态膜过滤运行前需要在膜组件支撑网表面形成一层具有实际固液分离性能的泥饼层。

动态膜的预涂方式可分为重力自流涂膜和依靠机械外力涂膜两种。重力涂膜是完全依靠重力作用将基质覆载于支撑基网表面，不同于机械外力涂膜，重力涂膜具有节省能耗、形成的泥饼层结构疏松适合长时间运行等优点。通常预涂时间在 30min 之内即可达到良好的预涂效果。

本书实例 2 中采用重力预涂，考察了不同重力水头对预涂效果的影响。预涂步骤为：首先将上、下出水口阀门关闭的膜组件置于好氧池内，随后将下出水口连接的管道出口固定于设定的水头压差（池内液面与管道出口的高差）处；打开上出水口阀门，排出膜组件内腔的空气，使其充满水和活性污泥颗粒的混合物；最后打开下出水口阀门，开始计量出水通量和测定其出水浊度值。试验除取样出水外，其他出水均回流于好氧池，避免出现二次污染。

三个不同重力作用水头都是在好氧池内完成，即在相同的搅拌强度、曝气强度和活性污泥悬浮固体浓度下进行的。从图 3-13（见彩图 2）中可以看出，在 10cm 作用水头下，膜面泥饼层大约只占整块膜面积的 1/3，将膜组件从反应器内取出时，膜组件表面泥饼有少许滑落现象。而在 50cm 作用水头下，活性污泥布满整个膜组件，且形成的泥饼层比较均匀；从外观上可以看到，50cm 作用水头下的成膜平均厚度约 2~3mm，最大厚度也不足 5mm。表明预涂过程中，在压差推动力和颗粒间相互吸引力大于水流引起的剪切力作用下，活性污泥颗粒在大孔径不锈钢网膜组件表面不断沉积与压实，起到了良好的固液分离效果。

魏奇锋（2006）指出涂膜过程中的出水膜通量将直接影响到动态膜的形成时间和成膜质量，通量太大虽然会缩短形成时间，但成膜质量也差；通量太小，成膜会比较均匀，但相应耗时太长。本试验中出水膜通量随预涂时间的变化如图 3-14 所示，首先重力水头作用越大，初始出水通量也越大，50cm 作用

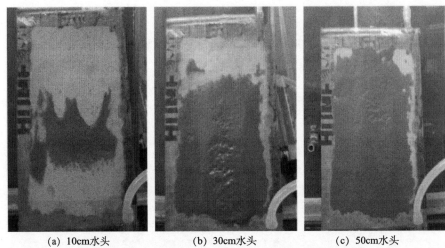

(a) 10cm水头   (b) 30cm水头   (c) 50cm水头

图 3-13　不同重力水头作用下动态膜成膜形态实物图

水头下的初始通量达到了 900L/(m²·h)，而经过 30min 预涂后，通量停留在
340L/(m²·h)，通量衰减率为 62.2%。另外 10cm 作用水头和 30cm 作用水头
的通量衰减率分别为 23.5% 和 57.7%。原因可能为：作用水头越高，预涂形
成的膜越均匀且密实地分布在膜组件表面，造成膜孔堵塞，孔隙率下降等导致
通量大幅度衰减。但三个不同重力水头预涂 30min 后的通量基本上都大于
300L/(m²·h)。

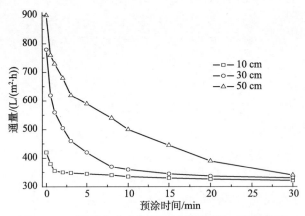

图 3-14　不同重力水头作用下通量随预涂时间的变化

出水 SS 浓度可以直接反映出成膜质量的好坏，出水 SS 低说明形成的膜
分布比较均匀，且能实现很好的固液分离效果。图 3-15 表示的是不同重力水
头作用下出水 SS 随预涂时间的变化图。从图中很明显地看出，出水 SS 以

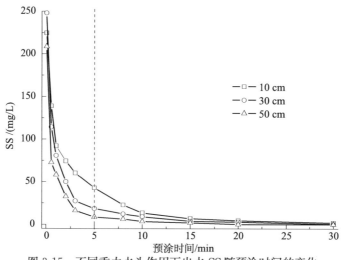

图 3-15 不同重力水头作用下出水 SS 随预涂时间的变化

5min 为界可分为两个阶段。5min 以前，出水 SS 浓度急剧下降，而 5min 以后浓度没有太大变化。原因可能是预涂开始之前，将膜组件浸没于好氧池内，污泥混合液中的颗粒和微生物絮体粒径很小，远远小于不锈钢网膜孔径（38μm），可以自由地进入到膜组件内腔中；预涂开始时，停留在膜内腔中的这部分颗粒和微生物絮体首先沿下出水口流出反应器，造成刚开始预涂时出水 SS 浓度很大，最大值达到了 248mg/L。随着预涂的进行，膜组件表面逐渐形成一层很薄的泥饼层，贴近膜面的小颗粒或微生物絮体在压差、水流剪切力或分子间力等作用下通过膜孔，进入内腔随出水流出，而混合液中的颗粒或微生物絮体在同样的作用下被吸附到膜面堆积压实，泥饼层起到了截留效果，因此出水 SS 浓度一直下降。预涂 30min 结束时，虽然较低作用水头下仍可检测出SS，但 50cm 作用水头下的出水 SS 浓度已为零。实验表明 50cm 作用水头下预涂 30min 能达到良好的固液分离效果。

出水浊度的影响表征了出水中悬浮物对光线透过时所发生的阻碍程度，与SS 不同的是，浊度不仅与水中悬浮物质的含量有关，还可以在一定程度反映微细的有机物和无机物、浮游生物、微生物和胶体物质等。从图 3-16 中可以看出，三个不同重力水头作用下出水浊度在一定程度上都有所降低。出水浊度在 10cm 作用水头下，从 21.7 NTU 下降到 1.49 NTU，随着水头作用的增加，出水浊度分别降至 0.85 NTU 和 0.72 NTU。实验结果表明，相对于低水头作用下形成的动态膜，较高作用水头下预涂形成的动态膜对活性污泥颗粒和微生物细小颗粒或胶体物质有较高的截留，使得 10 min 的预涂时间内出水浊度就已降至 1 NTU 以下。

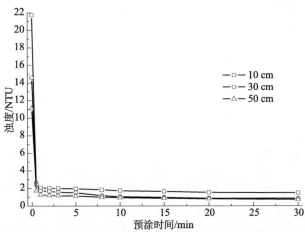

图 3-16 不同重力水头作用下出水浊度随预涂时间的变化

实例 2 中仅在预涂阶段采用重力水头预涂，而在动态膜反应器运行阶段采用机械抽吸作用出水。对于在预涂阶段和运行阶段均采用重力作用的反应器来说，重力水头不仅影响预涂阶段，同时也影响反应器运行阶段特性，如本书实例 5。

当支撑体放入滤池之后，BDDM 预涂和稳定运行过程中对其过滤通量进行实时监测。BDDM 通量变化情况如图 3-17 所示。BDDM 预涂过程在恒定重力水头作用下实施。当 BDDM 过滤出水浊度小于 1NTU 时，BDDM 过滤运行开始。图 3-17（a）显示了 BDDM 包含预涂过程的整个过滤运行过程中的通量变化。

图 3-17（b）显示了分别在重力作用水头 30cm、40cm、50cm、60cm 和 70cm 时，BDDM 预涂阶段通量变化情况。在 BDDM 预涂阶段，重力作用水头对 BDDM 预涂通量具有显著影响。重力作用水头越高，从预涂开始到过滤 1h 之间的 BDDM 过滤通量越大。这一结论与实例 2 中所得结论相一致。BDDM 在预涂阶段过滤通量非常高。在重力水头 70cm 时，预涂过滤通量开始大约从 1500L/（m² · h）下降到过滤 1h 后的 787L/（m² · h）。即使在重力水头 30cm 时，BDDM 过滤通量在 1h 后的也高达 398L/（m² · h）。通量变化曲线拐点（如 5min）预示着动态膜的形成（Chu et al., 2008）。过滤生物硅藻土混合液颗粒时，不锈钢支撑网逐渐拦截生物硅藻土颗粒，之后 BDDM 可以在支撑网表面动态形成，在所有重力作用水头 30cm、40cm、50cm、60cm 和 70cm 时，动态膜预涂完成的通量衰减曲线拐点均出现在预涂 5min 左右。一旦 BDDM 形

成，BDDM 过滤阻力会随过滤时间增加而缓慢上升，同时过滤通量逐渐下降。

从图 3-17（a）中可以看出，BDDM 运行过程可以实现长时间高通量稳定运行。在低重力作用水头 30cm 作用下，BDDM 过滤运行时间 8760min 时，过滤通量仍维持在 159L/（m² · h），其他不同重力水头作用下、过滤周期 3360～9990min 时，BDDM 均大约在 200L/（m² · h）。因此，BDDM 具有优良的过滤能力。

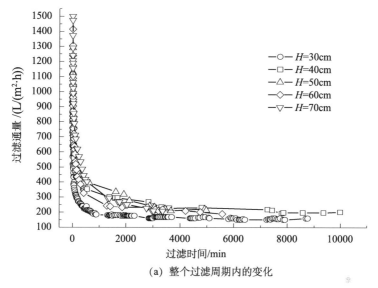

(a) 整个过滤周期内的变化

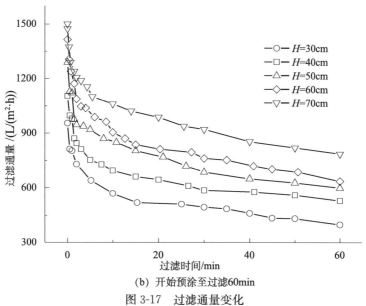

（b）开始预涂至过滤60min

图 3-17 过滤通量变化

BDDM 预涂阶段出水浊度变化情况见表 3-4。BDDM 在出水浊度低于 1NTU 时进入正式过滤阶段。从表 3-4 中可以看出，BDDM 在预涂 5min 动态膜形成时出水浊度远高于 1NTU，在不同重力水头作用下，BDDM 大约需要 10～25 min 使出水浊度低于 1NTU。造成这种现象的原因可能是：①进入到组件内部的生物硅藻土混合液颗粒在预涂 5min 时不能被完全排出动态膜组件 (Chu et al.，2008)；②BDDM 在预涂阶段过滤通量大，对 BDDM 产生的剪切力较大，引起生物硅藻土混合液颗粒剥落进入到出水中。随着预涂时间的延续，BDDM 出水浊度逐渐低于 1NTU。

表 3-4　预涂时间出水浊度变化

出水浊度/NTU　　预涂时间/min　　重力水头/cm	0	0.5	1	1.5	2	3	4
30	249±14	81.9±6.1	33.4±3.7	27.6±3.3	22.8±3.7	14.7±4.1	10.3±2.2
40	262±21	34.8±4.2	29.2±3.4	15.8±3.1	13.5±2.3	8.52±1.94	5.23±1.43
50	273±27	34.9±5.4	18.1±2.3	18±2.5	7.21±2.45	5.48±1.36	4.19±0.56
60	282±15	53.4±5.7	34.8±4.3	25.1±4.5	9.94±1.76	6.24±1.14	3.78±1.24
70	311±21	52.7±4.7	30.2±3.5	22.6±3.9	6.34±1.12	3.79±0.97	3.23±1.04

出水浊度/NTU　　预涂时间/min　　重力水头/cm	5	7.5	10	15	20	25	30
30	7.54±1.62	3.36±1.32	1.86±0.35	1.33±0.31	1.24±0.22	0.89±0.11	0.73±0.07
40	3.15±1.22	3.40±0.54	2.45±0.29	1.72±0.24	1.11±0.15	0.65±0.13	0.58±0.15
50	3.19±0.87	2.95±0.49	1.16±0.12	0.83±0.07	0.71±0.07	0.62±0.08	0.77±0.08
60	2.47±0.66	1.21±0.24	0.98±0.13	0.82±0.11	0.72±0.05	0.64±0.06	0.60±0.10
70	2.63±0.58	1.49±0.28	1.03±0.11	0.85±0.09	0.78±0.06	0.65±0.05	0.61±0.07

注：数值形式是均值±标准偏差

从表 3-4 和图 3-17 (b) 中可以看出，过滤通量（与重力作用水头有关）也会对 BDDM 形成和出水浊度的变化产生影响。在高重力水头作用（如 50cm、60cm 和 70cm）、高过滤通量下，经过 10～15min 预涂时间就可以使 BDDM 出水浊度低于 1NTU，而在较低重力作用水头 30cm 和 40cm，需要经过 25min 预涂时间使 BDDM 出水浊度低于 1NTU。高重力作用水头下的高过滤通量，可以对滤过液产生较大的驱动力使其透过不锈钢支撑网，生物硅藻土混合液颗粒可以沉积在膜表面，从而使动态膜在较短的时间内形成。一旦 BDDM 形成，BDDM 就可以立即实现混合液的固液分离。虽然较高的通量可以使颗粒进入到出水中，高通量同样可以使混合液中颗粒物尽快排出动态膜组件。通常，在较高重力水头作用下产生较大过滤通量情况下，可以缩短 BDDM 预涂时间。通过研究可以得出，选取预涂时间 30min 可以保证在研究中选取的不同重力水头作用下完成 BDDM 预涂过程。

从图 3-18 中可以看出，当 BDDM 预涂阶段完成后，出水浊度继续下降，当出水浊度在 0.25NTU 左右时基本达到稳定；在此阶段，不同重力水头作用下 BDDM 过滤通量相对稳定，对 BDDM 产生的剪切力要比预涂阶段产生的剪切力小得多。因此，BDDM 稳定运行阶段出水浊度波动范围较小。从图 3-18 中可以看出，在重力作用水头 60cm 时，BDDM 出水浊度最低可以达到 0.11NTU；在其他不同重力水头作用下，BDDM 出水浊度可以达到 0.15NTU。因此，BDDM 具有优良的固液分离特性。

综上，动态膜可以在较低重力水头（<1m）下，较短时间（<30min）内形成。形成的动态膜具有良好的分离效果。预涂阶段的重力水头会影响涂膜时间、动态膜形态、涂膜和运行中的通量、出水浊度等。Xu 等（2009b）分别在 4cm 和 8cm 水头（WHD）下预涂 PAC 动态膜。实验证明预涂时水头越大所需涂膜时间越短，这和另一例采用 30～70cm 预涂水头的实验结果相吻合（Chu，2012）。甚至很小的水头如 5cm（Fan and Huang，2002）和 2cm（Chu and Li，2006）也曾确认可以预涂动态膜。基本上，预涂水头越大则所需涂膜时间越短、出水通量越高，但是水头过大会造成动态膜过于紧密，提高过滤阻力。

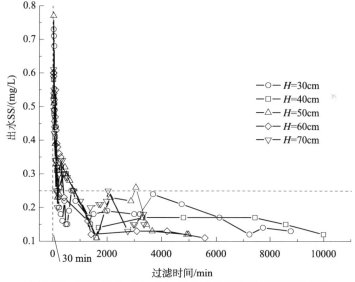

图 3-18　预涂完成（30min）后出水浊度随过滤时间的变化

3.4.2　曝气强度对预涂效果影响

曝气强度是反应器运行的重要影响因素之一，它对动态膜的形成与稳定有着直接的影响。在动态膜预涂过程中，曝气为非强制性因素，但是与错流式动态膜运行阶段的曝气过程相似，预涂阶段的曝气强度会对动态膜泥饼层的形成、浊度、通量等产生影响。本书实例 4 中针对不同曝气强度下的预涂效果进行了研究。其采用的曝气方式为正下方曝气。采用的曝气强度为 $1m^3/(m^2 \cdot h)$、$10m^3/(m^2 \cdot h)$、$20m^3/(m^2 \cdot h)$。

不同曝气强度下出水浊度随时间的变化如图 3-19 所示。由图可以看出，正下方的曝气强度越小，出水浊度下降得越快，这是因为在曝气强度很低的情况下，反应器内的流态相对缓和，这意味动态膜表面错流速度较小，对泥饼的冲刷力度小，反应器内大量硅藻土在过滤水头的作用下较易在不锈钢丝网表面沉积，形成泥饼；由于错流速度较小，泥饼层增厚速度快，致使预涂出水浊度下降较快。

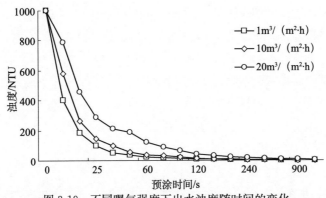

图 3-19　不同曝气强度下出水浊度随时间的变化

因此，从理论上讲，曝气强度越小，其预涂效果就越好。但由于在较低曝气强度下，反应器内的水体循环强度不够，使得硅藻土较易沉淀，不利于整个系统安全、稳定地运行。因此，从经济性及安全性上讲，长期的运行中曝气强度应选择 $10m^3/(m^2 \cdot h)$。

综上，曝气强度在预涂过程中主要通过影响反应器中的水流扰动来影响动态膜表面的剪切力，影响动态膜泥饼层厚度，进而影响出水浊度和通量。考虑到过滤基质在反应器底部的沉积问题，曝气强度并非越小越好，而应通过一系列试验得到适合于特定反应器的最佳曝气强度，如在实例 5 中，最佳曝气强度为 $10m^3/(m^2 \cdot h)$。

除了重力水头和曝气强度外，其他一些因素也会影响动态膜的预涂过程，如动态膜基质的粒径、浓度、pH 等。

对于动态膜成膜材料的粒径，主流观点是越小的颗粒越容易被吸附在支撑体表面且有越好的截留效果。涂膜材料如 $Fe(OH)_3$，$MnO_2 \cdot 2H_2O$ 和

Mg（OH）$_2$曾被比较研究（Zhao et al.，2005）。粒径分析显示镁水合物有最小的粒径，形成的动态膜最致密但流体阻力也最大。在 Zr（Ⅳ），Al（Ⅲ）和 Fe（Ⅲ）中，Zr（Ⅳ）动态膜以最小的粒径拥有最良好的机械稳定性（Nakao et al.，1986）。研究也表明反向运输作用与粒径大小呈正相关，粒径分布的降低可能会提高颗粒沉积在支撑体表面的几率（Hwang et al.，2001）。同时，与大颗粒相比，小颗粒需要更长的时间堵塞支撑体（Altman et al.，1999）。

更高的悬浮液浓度会增强浓差极化作用而产生更厚的动态膜，同时降低过滤通量（Nakao et al.，1986）。在一个 MnO$_2$动态膜实验中，随着 KMnO$_4$（用以形成 MnO$_2$）浓度升高，MnO$_2$动态膜的成膜时间显著缩短（Cai et al.，2000）。高浓度 KMnO$_4$下，所形成的 MnO$_2$颗粒更易聚集形成具有大孔径的厚动态膜。对于自生动态膜来说，在开始阶段越高的污泥浓度意味着越低的出水浊度，但是在稳定运行阶段，随着微小絮体通过泥饼层，出水浊度会随之升高（Chu and Li，2006）。相似的结论也被其他学者发现（Fuchs et al.，2005）。高错流流速虽然会提高水通量，但是同时也会产生高剪切力降低泥饼厚度甚至摧毁整个动态膜（Zhao et al.，2006）。

pH 在水合氧化物自生动态膜的形成中起着决定性作用。MnO$_2$，Mg（OH）$_2$和 Fe（OH）$_3$动态膜结构在 pH 低于 5 时会被迅速摧毁，而高 pH 条件下形成的动态膜结构松散（Cai et al.，2000）。pH 的调整过程（不仅是最终 pH）同样会影响颗粒大小并进一步影响动态膜性质（Rumyantsev et al.，2000）。对于 Zr（Ⅳ）动态膜，颗粒体积随着硫酸根与 Zr 离子比值的升高而增大，此例中 pH 不是唯一影响颗粒大小的因素（Chen and Chiang，1998）。

3.5　动态膜预涂特性

动态膜反应器技术与传统膜生物反应器显著不同的一点是：传统膜生物反应器启动后，依靠基膜（微滤膜或超滤膜）自身良好的固液分离特性直接可以进入正常的过滤运行阶段，不存在前期预涂阶段；动态膜组件支撑网采用大孔筛网构成，自身不具有完全固液分离的特性，而是依靠运行过程中在大孔支撑网上形成的基质滤饼，即动态膜，来起到实际的固液分离作用。因此动态膜过滤运行前需要在组件支撑网表面形成具有实际固液分离性能的动态膜（基质滤饼），这就是动态膜的预涂阶段。

实例 1 中对动态膜支撑体（不锈钢支撑网孔径 74μm）放入动态膜滤池后

的预涂过程进行实时监测，研究分析 BDDM 在预涂过程中的特性。试验中 BDDM 预涂采用重力预涂方式，0.6m 恒定水头作用，生物硅藻土动态膜形成时预涂通量随时间变化如图 3-20 所示，图中各数据点为同等条件下七次试验结果的算术平均值，且每次试验结果有较好的重现性。从图 3-20 中可以看到预涂初期通量随时间变化规律是从开始的大通量 500 L/(m²·h) 迅速衰减到 174 L/(m²·h) 左右，然后通量变化趋于平缓、衰减速度变慢。图 3-20 中，BDDM 过滤通量从快速衰减转向平缓减少的拐点，在传统预涂膜过滤中，应是动态膜形成的标志点，对应时间约为 5min。得出这一结论的理由有以下两点：①过滤通量出现拐点前，通量快速衰减表明动态膜厚度在较短时间内迅速增加，引起过滤阻力不断上升，导致通量快速减小；②过滤通量出现拐点后，通量衰减趋势变缓，表明在大孔支撑网上的动态膜已经形成较平衡的厚度，此时阻力增加变缓，因此通量变化比较稳定（其中 BDDM 过滤阻力构成与 BDDM 厚度的变化关系将在后续 BDDM 过滤阻力变化规律部分进行详细分析）。

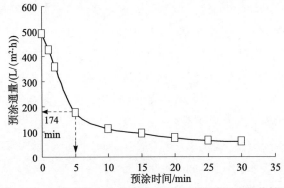

图 3-20　生物硅藻土动态膜形成时通量随时间的变化情况

　　由于 BDDM 过滤通量拐点出现时，BDDM 组件出水 SS 浓度仍然较高，不能满足出水水质标准，因此本实例中定义 BDDM 预涂时间为出水达标时间，指动态膜形成后，随着预涂时间的增加直至动态膜出水 SS 浓度满足水质标准的一段时间，其较之通量转折点出现时间要长。图 3-21 是预涂过程 BDDM 组件滤出水中 SS 浓度随时间的变化关系图。图 3-21 中每个数据点均是在七次不同运行周期的预涂阶段相同时刻采样检测数据的算术平均值，数据有较好的重现性。与传统观点认为的预涂完成时间，即与通量变化出现拐点的时间（预涂开始后 5min）相对应，BDDM 出水 SS 浓度仍有 272.5mg/L；随着预涂时间的延续，BDDM 出水 SS 检测不出。造成这一现象的原因是：BDDM 支撑体组件内部空腔具有一定的容积，预涂初期由于支撑网不具有固液分离性能，使反应器中混合液直接进入到组件空腔内，致使空腔内积留一定量的生物硅藻土混合液；BDDM 支撑体组件过滤通量随时间不断减少（图 3-20），短时间内不能使支撑体组件空腔内的生物硅藻土混合液完全排出，使 BDDM 出水中仍可检测出 SS。由图 3-21 可知，从预涂开始至 BDDM 过滤出水 SS 检测不出的这段时间（约 25min）就是本实例中定义的预涂时间。

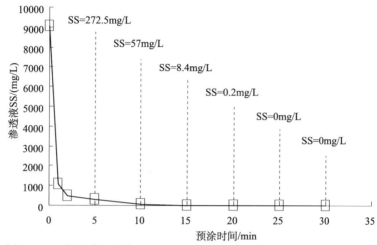

图 3-21　生物硅藻土动态膜形成时过滤出水 SS 平均值随时间的变化曲线

第4章 ■ ■ ■
动态膜运行特性

4.1 动态膜临界通量分析

4.1.1 临界通量的定义及意义

临界通量是启动时若低于该通量则运行出水通量不随运行时间的延长而下降的通量（Field et al.，1995）。临界通量是直接关系到膜污染的重要参数。其与污泥浓度、SCOD、膜孔径呈负相关，与曝气强度呈正相关，与初始通量没有明显关联（Wu et al.，2008）。首例有关动态膜临界通量的研究来自 Satyawali 和 Balakrishnan（2008），他们证实了上述结论并且进一步指出附载于金属网上的自生动态膜临界通量低于传统膜。涉及临界通量这一概念在自生动态膜生物反应器上的应用的文献将动态膜压缩性这一干扰考虑在内，并且提出了符合间歇性松弛周期的阶梯式 TMP 原则（Liang et al.，2012）。

4.1.2 动态膜临界通量的确定

选择合适的膜通量对所有膜生物反应器的运行是至关重要的，对动态膜生物反应器也是如此。临界通量是一个对膜污染控制有重要意义的概念。许多研究学者（Cho and Fane，2002；Ognier et al.，2004；张萍，2006；孙丽华等，2009）的研究表明，膜组件运行存在一个临界通量，当实际运行膜通量大于临界通量时，会加剧膜污染；而只有把运行膜通量控制在临界膜通量以下，才会使膜污染减轻，延长膜清洗的周期，即以次临界通量运行。从这一理论可以看出，若临界通量高、膜阻力低，就相应地减少了投资成本和运行费用。因此，在实例 2[①] 中用到的不锈钢网膜组件的临界通量研究具有一定的现实意义。

吴春英等（2009）采用表面密度为 50 g/cm² 的无纺布微网膜组件得到污泥浓度

---

① 如无特殊说明，本章及本章以后提及的实例均指第 3 章介绍的实例。

为 5g/L、10g/L 和 15g/L 时，临界通量的范围分别为 120～160L/(m^2·h)、80～120L/(m^2·h)、60～80L/(m^2·h)；而张萍（2006）和陈冠辉等（2007）采用聚偏氟乙烯膜组件得到的临界通量仅为 40～43L/(m^2·h) 和 14L/(m^2·h)，表明临界通量不仅与膜材料和孔径有关，还与测定时的污泥浓度有关。实例 2 中选用 38 μm 不锈钢网膜组件进行临界通量的测试，采用通量阶梯式递增法来确定临界通量值，临界通量的测定示意图如图 4-1 所示。从图中可知，当运行通量不高于 70 L/(m^2·h)时，在 15min 的连续抽吸间隔内操作压力能稳定为一个数值；当通量高于 80L/(m^2·h)时，操作压力随抽吸时间的变化非常明显，无法保持恒定；当进一步提高通量时，操作压力在短时间内急剧升高，导致系统崩溃。因此，可认为该不锈钢网膜组件在上述操作条件下的临界通量为 70～80 L/(m^2·h)。此临界通量值是在污泥浓度为 5558mg/L 时所得，与吴春英得到的污泥浓度为 5g/L 时临界通量为 120～160 L/(m^2·h) 相比较小。其主要原因是所选用的材质及其膜孔径不同。

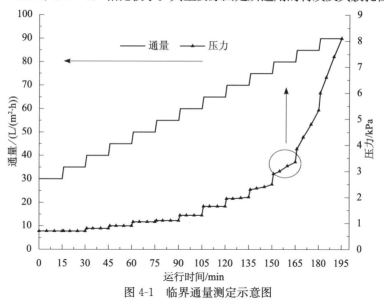

图 4-1　临界通量测定示意图

4.2　动态膜过滤特性分析

4.2.1　运行周期和最大周期通量

BDDM 运行过程可分为预涂阶段、过滤运行阶段和反冲洗阶段，定义

BDDM 运行周期（T_t）包括预涂时间（t_p）、过滤时间（t_f）和反冲洗时间（t_b）。

在预涂和反冲时间内，BDDM 组件不进行过滤出水，因此 BDDM 运行周期的产水量就是 BDDM 过滤时间内的产水量。BDDM 单位过滤面积过滤时间内的产水量与运行周期的比值，定义为 BDDM 周期通量（J_t）（式（4-1））。

$$J_t = \frac{t_f \cdot J_p}{T_t} = \frac{t_f \cdot J_p}{t_p + t_f + t_b} \tag{4-1}$$

式中，J_t 为周期通量（L/（m² · h）），J_p 为设定通量（L/（m² · h）），T_t 为运行周期（h），t_p 为预涂时间（h），t_f 为过滤时间（h），t_b 为反冲洗时间（h）。

实例 1 的运行结果显示，BDDM 运行过程中，预涂时间和反冲洗时间都比较固定。故选定 BDDM 预涂时间 25min 和反冲洗时间 2min，不同设定通量和过滤时间的对应关系见表 4-1。将表 4-1 中 BDDM 设定通量和过滤时间的运行数据通过式（4-1）计算转化，可获得 BDDM 不同周期通量和运行周期对应的关系曲线，如图 4-2（图中 X 轴中 BDDM 运行周期数据采用对数函数变化处理）所示。

表 4-1 不同设定通量和过滤时间的对应关系

设定通量 J_p/（L/（m² · h））	过滤时间 t_f/h
8.64	248.00
17	79.83
22	48.00
30	35.50
35	23.73
40	17.00
45	10.60
50	7.45
60	4.92
70	3.55
80	3.05
90	2.17
100	1.55
110	1.05
120	0.62
130	0.43

从图 4-2 中分析得，BDDM 周期通量存在一个最大值。BDDM 运行周期

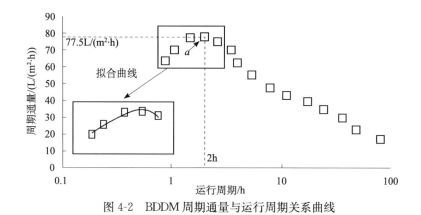

图 4-2　BDDM 周期通量与运行周期关系曲线

包括预涂时间、过滤时间和反冲洗时间，且在试验中，BDDM 预涂时间和反冲洗时间是定值。BDDM 过滤时间随设定通量的增大而减小，造成预涂时间和反冲洗时间在运行周期内所占的比重加大，从而使 BDDM 周期通量先增大后减小，存在峰值。这也表明，在 BDDM 进行大通量过滤运行时，周期通量能更好、更全面地反映 BDDM 在运行周期内，单位时间、单位膜面积的产水量。

测得图 4-2 中峰值为 a（2h，77.5 L/（$m^2 \cdot h$）），其对应表 4-1 中的设定通量为 100L/（$m^2 \cdot h$）。对图 4-3 中最大值附近数据点进行数学拟合公式为

$$J_t = -11.76T_t^2 + 46.804T_t + 32.237 \tag{4-2}$$

式（4-2）拟合的相关系数为

$$R^2 = 0.9712$$

式中，J_t 为周期通量（L/（$m^2 \cdot h$）），T_t 为运行周期（h）。

实例 1 的研究表明，周期通量值更全面地反映了 BDDM 在运行周期内，单位时间、单位膜面积的通量变化规律，且最大周期通量同时为 BDDM 高效运行提供选择设定通量的依据。

4.2.2　通量随时间变化分析

BDDM 过滤采用恒定通量、变运行压力模式进行过滤出水。在 BDDM 过滤运行阶段，连接在出水管上的真空表读数（运行压力）随着过滤时间的延续而增加。运行压力变大，表明 BDDM 过滤阻力不断变大。实际运行中，动态膜过滤阻力随着过滤时间延长而增大，膜通量表现不同程度的衰减。当跨膜压

差达到 30～40 kPa 时对维持恒定通量的运行形成了最大障碍（Miura et al.，2007）。实例 1、实例 2、实例 3 中均选用 40 kPa 的跨膜压差作为动态膜运行周期的终点，即当跨膜压差达到 40 kPa 时，需要对动态膜组件进行清洗。各实例中通量随着时间变化分析如下。

实例 1 中 BDDM 不同初始设定通量在过滤周期结束时（真空压力表读数上升至 40kPa）的通量变化情况见表 4-2。

表 4-2　过滤周期末 BDDM 初始设定通量衰减率

初始设定通量/（L/（m²·h））	22	30	40	50	60	80	100
周期末通量衰减率/%	10.2	10	9.2	8.5	6.8	4.4	1.5

注：真空压力表读数上升至 40kPa 时，为动态膜过滤周期末

由表 4-2 得，BDDM 不同初始设定通量在过滤周期结束的通量衰减率为 15%～10.2%。BDDM 设定通量衰减总体维持在 10% 的范围内，通量衰减幅度较小。从上表中还可以看出，BDDM 初始设定通量越小，过滤周期结束后通量衰减越大；初始设定通量越大，过滤周期结束后通量衰减幅度越小。为分析 BDDM 设定通量在整个过滤过程的衰减变化趋势，选取表 4-2 中初始设定通量最小的 22L/（m²·h）与初始设定通量最大的 100L/（m²·h）两种情况下的 BDDM 设定通量变化情况，分别如图 4-3 与图 4-4 所示。

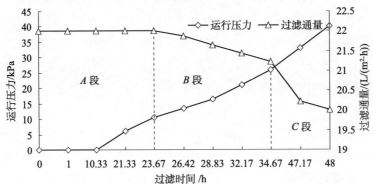

图 4-3　BDDM 初始设定通量为 22L/（m²·h）时过滤过程通量衰减情况

由图 4-3 与图 4-4 分析，BDDM 过滤运行过程中，不同设定通量在过滤过程中的通量衰减趋势相似。BDDM 采用设定通量方式运行，由于过滤阻力的增加，在过滤运行过程中，BDDM 通量变化基本上可以分为三个阶段：通量稳定阶段（A 段）、通量缓慢衰减阶段（B 段）和通量快速衰减阶段（C 段）。通量稳定阶段对应预涂结束后 BDDM 开始过滤出水的前一部分时间，BDDM 运行压力增长缓慢，过滤阻力较小，BDDM 过滤通量基本可维持在设定通量水平，所对应的运行压力约 10kPa。通量缓慢衰减阶

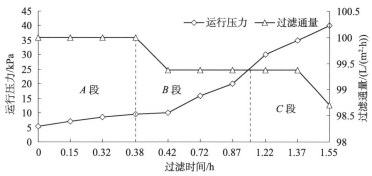

图 4-4　BDDM 初始设定通量为 100L/（m²·h）时过滤过程通量衰减情况

段对应 BDDM 过滤运行的中间主要部分，运行压力增长较快，过滤阻力增大，造成 BDDM 过滤通量较 A 段衰减速率增大，但通量整体维持缓慢衰减趋势，所对应的运行压力约 25kPa。通量快速衰减阶段对应 BDDM 过滤运行后期部分，运行压力较高，过滤阻力较大，导致 BDDM 过滤通量快速衰减，出现突变。

　　实例 2 中由于不锈钢网膜组件的临界通量为 70～80L/（m²·h），所以设定一组次临界通量（60 L/（m²·h））、一组超临界通量（120 L/（m²·h））、临界通量（80 L/（m²·h））进行对比，混合液浓度控制在 10 000mg/L 的情况下，观察其跨膜压差随运行时间的变化关系，如图 4-5 所示。从图中可以看出，以临界通量运行的动态膜生物反应器能稳定运行 55 h，通量仅衰减了22.5%；而以超临界通量运行时，过滤时间缩短为 42 h，通量却衰减了25.9%；当以次临界通量运行时，动态膜过滤时间长达 122 h，周期结束时通量稳定在 47.7L/（m²·h），衰减率仅有 20.5%。由于跨膜压差增长速率大小能直接反映出膜污染程度，是膜过滤的一个重要影响因素。当以临界通量和超临界通量运行时，跨膜压差基本上是直线上升的，表明通量大于 80L/（m²·h）时，跨膜压差增长速率较大，膜污染比较严重，以至于整个过滤运行周期比较短。而当以次临界通量运行时，跨膜压差增长明显分为两个阶段，表现出"膜污染二阶段"，即缓慢平稳增长阶段和快速增长阶段。这主要是由于初期不锈钢网膜组件表面光滑，大颗粒物质所受跨膜压差驱动力较低，而外部的错流剪切力较大，因此很难直接附着到膜表面；而微颗粒性物质则直接进入膜内部孔道填充和堵塞膜孔，附着能力强、黏性高的小颗粒物质则逐渐被吸附到膜表面沉积，造成膜孔径进一步变小或堵塞。臧倩等（2005）认为初期形成膜污染主要由溶解性微生物产物、胞外聚合物、生物胶体等黏性物质组成的凝胶层。此时将膜组件从反应器中取出，也可以看到不锈钢网表面粘附着一层具有黏性的胶状物质，表明膜污染一阶段引起跨膜压差缓慢增长的主要原因是膜组件表面形成了一层高黏性的凝胶层。随着运行时间的延长，黏性物质不断附着于膜表面，大颗粒物质即可较容易地粘附在膜上，并逐渐加厚扩大形成泥饼层；在抽吸作用下，泥饼层的过滤性能不断发生改变，当污染物积累到一定程度后，操作压力迅速变大，即膜污染二阶段的跨膜压差快速增长阶段。Hwang 等（2008）人的研究指出，小通量下引起跨膜压差增加主要是由于胞外聚合物中多糖类物质剧增引起的；而高通量下则是由于微生物絮体在对流作用下沉积于膜表面导致渗透率下降引起的。后面的胞外聚合物提取研究表明，多糖类物质含量并没有明显增加，因此膜污染两阶段跨膜压差快速增长的主要原因是微生物絮体在凝胶层表面形成一层致密的泥饼层，在抽吸泵作用下，污染物进一步沉积导致孔隙率下降，通量变小，操作压力直线上升。因此，在次临界通量运行条件下动态膜运行周期比超临界通量下长很多，通量衰减率也小于超临界通量和临界通量，这对实际动态膜运行提供了参考依据。

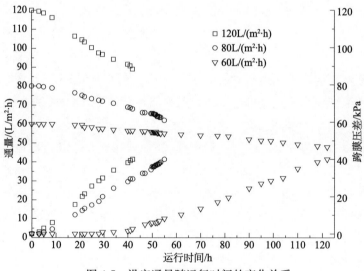

图 4-5　设定通量随运行时间的变化关系

　　实例 3 中生物强化活性炭动态膜系统运行阶段采用恒定通量变压力的运行方式，随着动态膜基网表层泥饼层厚度的不断增加和泥饼层的压紧作用，过滤孔道不断被小颗粒阻塞且被不断挤压缩小，引起真空压力表读数上升和过滤通量的不断衰减。图 4-6 为不同设定通量下过滤时间、运行压力的变化情况。从图 4-6 中可以看出，生物强化活性炭动态膜设定通量值的大小对过滤时间的影响很大。设定通量值越小，其对应的过滤时间越长。

不同初始设定通量下压力与过滤时间的变化关系如图 4-7 所示，从图 4-7 中可以看出，生物强化活性炭动态膜过滤运行过程中，运行压力的增加会引起通量的衰减。当运行压力上升到 40kPa 时，过滤周期结束，停止通量的记录。设定通量为 100L/（m² · h）时，通量从 100L/（m² · h）衰减到 45.2L/（m² · h），过滤运行时间为 21.7h；设定通量为 200 L/（m² · h）时，通量从 200L/（m² · h）衰减到 145.6 L/（m² · h），运行时间为 12.3h；设定通量为 230L/（m² · h）时，通量从 230L/（m² · h）衰减到 172.7L/（m² · h），运行时间为 7.6h。

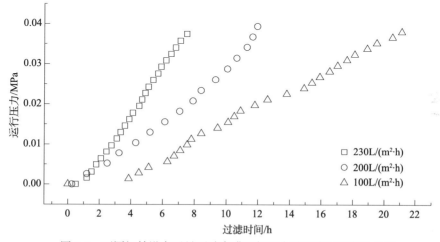

图 4-6　不同初始设定通量下动态膜运行压力随过滤时间变化关系

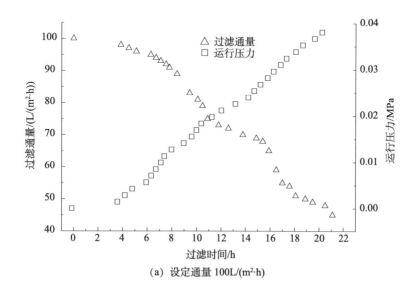

（a）设定通量 100L/(m²·h)

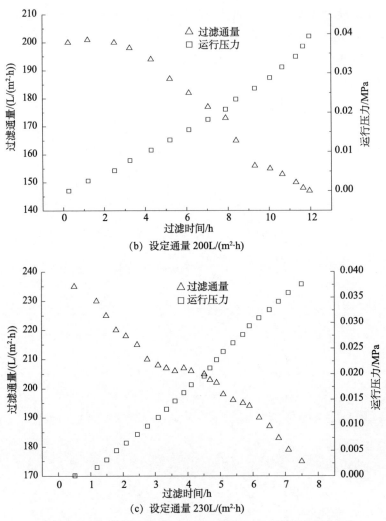

（b）设定通量 200L/（m²·h）

（c）设定通量 230L/（m²·h）

图 4-7　各初始设定通量下运行压力增长与过滤通量衰减变化

不同设定通量随时间变化通量衰减率见表 4-3。不同通量下，过滤通量的衰减程度也不相同。设定通量为 230L/（m²·h）时，衰减率约为 24.91%；设定通量为 200L/（m²·h）时，衰减率约为 27.2%；设定通量为 100L/（m²·h）时，衰减率约为 54.8%。结果表明，设定通量与衰减率成反比，即设定通量越大，衰减率越小；反之亦然。

表 4-3　不同通量与过滤时间的关系

设定通量/（L/（m²·h））	终点通量/（L/（m²·h））	过滤时间/h	通量衰减率/%
230	172.7	7.6	24.91
200	145.6	12.3	27.2
100	45.2	21.7	54.8

实例 3 表明采用 250 目不锈钢丝网为动态膜支撑体,形成生物强化活性炭动态膜可有效进行混合液固液分离。由于添加活性炭具有多孔性特点,使生物强化活性炭动态膜过滤通量可达到 200L/(m²·h),能够稳定运行 12h 以上,这是传统膜生物反应器无法达到的。因此,可以根据其高效固液分离过滤通量减小反应构筑物体积,基建费用低。

4.3 动态膜过滤阻力分析

BDDM 过滤运行过程中,出水管上真空表读数随过滤时间的增加而增长。随着过滤的进行,整个动态膜过滤组件的过滤阻力不断增加,从而需要更高的抽吸力维持一定的过滤通量,表现为出水管道上真空表读数的增加。根据动态膜过滤组件各组成部分对过滤阻力的贡献,BDDM 过滤阻力包括非动态膜阻力和动态膜阻力。

4.3.1 非动态膜阻力分析

非动态膜阻力包括出水管道阻力(R_f)、不锈钢支撑网过滤阻力(R_m)及生物凝胶层阻力(R_g)。

由水力学原理,出水管道阻力(R_f)由管道沿程阻力(h_f)、接头局部阻力(h_j)和流出水头($v^2/2g$)组成,可由下面公式表示为

$$R_f = h_f + h_j + v^2/2g \tag{4-3}$$

根据 h_f 和 h_j 水力学公式,结合试验中出水管道参数,出水管道阻力由式(4-3)计算可得

$$R_f = h_f + h_j + v^2/2g = 7.736 \times 10^{-4} \times Q_{设定通量} + (7.980 \times 10^{-10}$$
$$+ 7.100 \times 10^{-20}) \times Q_{设定通量} + 1.736 \times 10^{-8} \times Q_{设定通量} \tag{4-4}$$

式中,$Q_{设定通量}$ 为 BDDM 过滤运行时的设定通量(L/(m²·h))。

从式(4-4)可以看出,接头局部阻力和流出水头产生的阻力非常小,故将其忽略,只考虑出水管道的沿程阻力,即

$$R_f = 7.736 \times 10^{-4} \times Q_{设定通量} \tag{4-5}$$

根据试验中采用的 BDDM 设定通量,计算式(4-5)中的出水管道阻力,计算结果见表 4-4。

表 4-4　管道阻力计算结果

$Q_{设定通量}$/（L/（m²·h））	22	30	40	50	60	70	80	90	100
R_f/m 水柱	0.017	0.023	0.031	0.038	0.046	0.054	0.062	0.07	0.077
P_f/kPa	0.167	0.225	0.304	0.372	0.451	0.529	0.608	0.686	0.755
$P_{开始}$/kPa	0.75	1.1	2	2.75	4	4.95	5.75	6.5	7.3
（$P_f/P_{开始}$）/%	22.3	20.5	15.2	13.5	11.3	10.7	10.6	10.5	10.3

注：P_f为将R_f单位"m 水柱"换算成单位"kPa"的数据；$P_{开始}$为 BDDM 对应设定通量过滤运行开始时真空表测得的运行压力数据

根据式（4-5）可以看出，出水管道阻力是 BDDM 设定通量值的一次函数。过滤运行过程中 BDDM 设定通量为定值，因此出水管道阻力在整个过滤运行阶段也是一个定值。从表 4-4 中分析可得，出水管道阻力数值较小。在整个过滤运行过程中，BDDM 开始过滤运行时的运行压力最小。出水管道阻力数值所占 BDDM 开始过滤运行时的运行压力比例随 BDDM 设定通量的增大而减小，所占比例从 10.3%～22.3%，其与过滤运行结束的运行压力 40kPa 相比，所占比例更小。因此出水管道所引起的阻力较小，在 BDDM 过滤组件阻力中所占比例较小，不是整个 BDDM 过滤组件阻力的主要部分。

生物凝胶层阻力指反冲洗后残留在 BDDM 支撑体不锈钢支撑网表面的生物颗粒所产生的阻力，由于生物凝胶层和不锈钢支撑网具有不可分性，因此将二者作为一个整体分析它们对 BDDM 组件过滤时产生的阻力，统称为基网阻力，即

$$R_{m+g}=R_m+R_g \tag{4-6}$$

在 BDDM 过滤运行结束后，采用逆向水反冲洗对 BDDM 进行反冲洗，使动态膜泥饼从支撑网表面剥离，达到反冲洗的目的。将反冲洗后的 BDDM 组件放入盛满清水的容器中，连接蠕动泵进行抽吸出水，用 0.4 级真空表监测过滤压力变化情况。试验发现，采用过滤通量 22～130L/（m²·h），真空表均无读数显示。表明基网阻力在过滤过程中产生的影响很小，可以忽略不计。这和 Fan 和 Huang（2002）关于凝胶层阻力在活性污泥动态膜过滤阻力构成中起重要作用的结论不同。将反冲洗后的不锈钢支撑网放在电子显微镜下进行观察，所得照片如图 4-8 所示。同时为对比分析，选取 Fan 和 Huang（2002）论文中活性污泥动态膜支撑网反冲洗后的照片，如图 4-9 所示。

根据图 4-9 和未使用的当量孔径 $74\mu m$ 不锈钢支撑网照片对比分析可得，经过水反冲洗，BDDM 可以完全脱落，只有很少生物硅藻土颗粒粘附在不锈钢金属丝表面，但不锈钢网网孔完全畅通，没有残留生物硅藻土颗粒堵塞。因此反冲洗后，将动态膜组件放入清水后过滤真空表无读数显示，表现出良好的透过性。图 4-9 显示活性污泥动态膜在反冲洗过后，仍有大量活性污泥粘附在

涤纶支撑网表面，形成一层薄薄的凝胶层，使涤纶支撑网大部分网孔堵塞，因此过滤时存在凝胶层阻力，并且凝胶层阻力在活性污泥动态膜过滤阻力构成中起重要作用（Fan and Huang，2002）。因此，动态膜反冲洗后大孔支撑网表面是否存有凝胶层是支撑网是否存在凝胶层过滤阻力的原因。

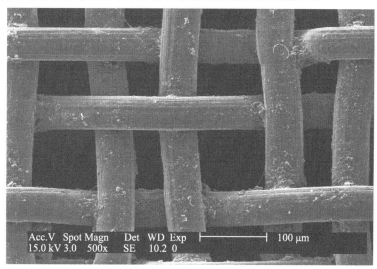

图 4-8　反冲洗后当量孔径为 74μm 的不锈钢支撑网放大 500 倍后的照片

图 4-9　反冲洗后当量孔径为 100μm 的涤纶支撑网放大 100 倍后的照片
（Fan and Huang，2002）

综上分析可以看出，试验反冲洗过后，BDDM 可以完全脱落，不锈钢支撑网网孔没有堵塞，不锈钢支撑网表面没有传统意义上的残留凝胶层，进行清水过滤试验时，整个支撑网过滤阻力引起的压力增加不能被真空表所反映。因此本研究中，BDDM 组件不锈钢支撑网阻力和凝胶层阻力很小，可以忽略不计。

4.3.2　动态膜阻力分析

在膜生物反应器中，进行死端过滤时常有泥饼阻力模型（Silva et al.，2000）：

$$J_{(t)}=J_0\left(1+\frac{2tR_C\phi_b\Delta P}{(\phi_c-\phi_b)\ \mu R_m^2}\right)^{-0.5} \tag{4-7}$$

式中，$J_{(t)}$ 为 t 时刻的膜通量（L/(m^2·h)）；J_0 为 0 时刻的膜通量（L/(m^2·h)）；t 为过滤时间（min）；ϕ_b 为活性污泥混合液中颗粒所占的体积比；ϕ_c 为泥饼层中颗粒所占的体积比；R_m 为膜固有阻力（1/m）；R_c 为泥饼阻力系数；ΔP 为跨膜压差（Pa）；μ 为混合液黏度（Pa·s）。

不锈钢网膜组件运行方式属于错流式（相对死端过滤方式而言，膜受到的水流冲刷剪切力较大），对此式进行适当变形。

令 $k=\dfrac{2\mu R_c\phi_b}{(\phi_c-\phi_b)\ \Delta P}$，由 $J=\dfrac{\Delta P}{\mu R_t}$ 有 $J_0=\dfrac{\Delta P}{\mu R_m}$

代入式（4-7）得

$$\frac{1}{J_{(t)}^2}=\frac{1}{J_0^2}+kt \tag{4-8}$$

又

$$R^2=\left(\frac{\Delta P}{\mu J}\right)^2$$

代入式（4-8）得

$$R_{(t)}=\left(R_0^2+\frac{k\times\Delta P^2}{\mu^2}t\right)^{0.5} \tag{4-9}$$

动态膜生物反应器膜通量 J 与过滤时间 t 的关系及 $1/J^2$ 与 t 的变化关系如图 4-10 所示。

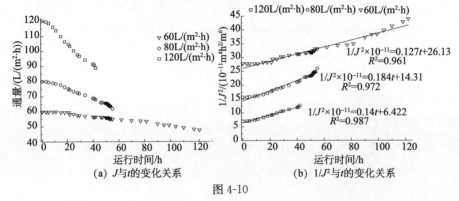

图 4-10

从图 4-10（b）中可以得到三个不同通量下的线性拟合结果，拟合的相关系数值都比较高。分别将其得出的斜率 k 值，实验测得的过滤黏度 $\mu=0.001$ Pa·s 以及过滤压差 $\Delta P=40$ kPa 代入式（4-9）中可得不同通量下的膜阻力模型如下。

次临界通量下（60L/（m²·h））：$R_{(t)}=6.466\times10^{13}(1+0.0048t)^{0.5}$

临界通量下（80L/（m²·h））：$R_{(t)}=4.785\times10^{13}(1+0.0128t)^{0.5}$

超临界通量下（120L/（m²·h））：$R_{(t)}=3.205\times10^{13}(1+0.0218t)^{0.5}$

从得到的拟合曲线可以看出，在每组设定通量下的运行时间内，次临界通量得到的阻力值是最大的，临界通量次之，超临界通量最低。这也正好跟不同通量下膜阻力实测分析得到的结果趋势相一致。

经过前面分析，出水管道阻力、不锈钢支撑网过滤阻力、生物凝胶层阻力数值较小或检测不出，均不是引起 BDDM 过滤阻力的主要原因。在过滤过程中，BDDM 是固液分离起主要作用的部分，BDDM 阻力为过滤过程中的主要部分。

动态膜的过滤阻力可以用 Darcy 公式表示为

$$R=\Delta P/\mu J \tag{4-10}$$

式中，R 为膜过滤阻力（1/m）；ΔP 为动态膜两侧的压差（Pa）；μ 为滤过液的动力学黏度（1.1×10^{-3}Pa·s），J 为设定通量（m/s）。

根据式（4-10），计算动态膜过滤阻力需要动态膜两侧的压差，试验中真空表读数为总运行压力。前面讨论可知出水管道阻力、不锈钢支撑网过滤阻力、生物凝胶层阻力数值较小或检测不出等过滤阻力产生的运行压力很小，此处讨论均将其忽略，故真空表监测的运行压力即为 BDDM 两侧的压差。

不同 BDDM 设定通量下，运行压力与过滤时间的关系如图 4-11 所示。计算得 BDDM 过滤阻力随过滤时间的变化情况如图 4-12 所示。图 4-11 和图 4-12 中数据点一一对应，图中选取 BDDM 设定通量分别为 22L/（m²·h）、40L/（m²·h）、55L/（m²·h）和 80L/（m²·h）考察过滤运行时的运行压力和 BDDM 过滤阻力变化情况。

BDDM 过滤运行时，设定通量越大，过滤运行周期越短，运行压力随过滤时间的增加而速度增长得越快；BDDM 过滤阻力因与运行压力变化成一次函数变化关系，其变化规律与运行压力变化规律相一致。从图 4-12 还可以看到，在过滤周期结束后，BDDM 设定通量越小，所对应的 BDDM 过滤阻力越大。计算结果还表明，设定通量 22L/（m²·h）运行终点时，BDDM 过滤阻力仍比传统 MBR 中膜的过滤阻力低 1~2 个数量级（Fan and Huang，2002）。

试验中，每一过滤周期期末运行压力都设定为 40kPa，BDDM 设定通量越小，过滤运行周期越长。BDDM 设定通量越小，运行压力增长速度越慢，在达到某一特定运行压力值时，受该压力作用的时间较长，从而引起 BDDM 在过滤周期结束时过滤阻力增大的现象。

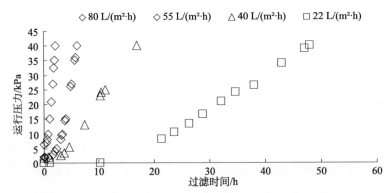

图 4-11　不同设定通量下，BDDM 运行压力随过滤时间的变化

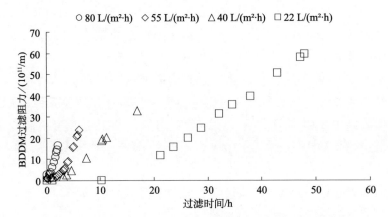

图 4-12　不同设定通量下，BDDM 过滤阻力随过滤时间变化

　　实例 1 中的 BDDM 是一个错流作用比较微弱，接近完全终端过滤的膜。由于错流作用比较微弱，生物硅藻土混合液浓度又比较高，故随过滤时间的延续，动态膜厚度不断增加；动态膜厚度增加会引起过滤时膜阻力不断增加的现象，此阻力称为厚度增加型阻力，简称厚度阻力。虽然硅藻土的可压缩性比较差，但是由于硅藻土颗粒之间生物膜的存在，不可避免地在厚度阻力增大时，动态膜厚度受压力增大的影响也会产生一定压缩，减少渗透空隙。因压缩造成的阻力增大称为压缩型阻力，简称压缩阻力。通过分析图 4-12 中曲线变化得出，动态膜过滤阻力变化是厚度阻力和压缩阻力的二元函数。在设定通量较大

的条件下，较大的抽吸力使生物硅藻土颗粒沉积到支撑网表面，动态膜厚度增加较快，厚度阻力增加较快；同时压缩阻力的影响也更加显著。阻力增加快，达到设定运行压力限值 40kPa 的时间将大大缩短，如图 4-12 所示。但在设定通量较小时，动态膜运行初期由于厚度较小，初期阻力不大，压缩阻力的影响较小，由图 4-12 可以看出前端近似为直线。但是在运行中、后期，厚度阻力增加到一定值，压缩阻力的影响已不可忽视，过滤阻力随过滤时间的变化曲线出现增长加快趋势。同时也可以得出，在错流作用比较微弱的动态膜系统中，试图找到依靠错流作用控制动态膜过滤阻力不再增加的平衡点，虽然在理论上存在，但是实际操作中比较困难，很难实现。

　　动态膜过滤过程中，膜的渗透通量逐渐降低。前面已得出，不同通量下的通量衰减率不同，这主要是由于膜组件表面形成了不同程度的膜污染所致。膜污染一般用膜过滤过程中污染阻力的大小来衡量。表 4-5 中列出了超临界通量、临界通量和次临界通量下的膜污染各部分阻力值及其百分比。从表中可以看出，泥饼层贡献了绝大部分阻力，三个通量下其值占总阻力值的百分比分别为 99.95％、99.77％ 和 98.8％。这说明，在整个动态膜运行过程中，由凝胶层和泥饼层组成的滤饼层在膜表面直接沉积是导致膜污染最主要的因素。此外，三个通量条件下的总阻力值由大到小的顺序为：次临界通量 > 临界通量 > 超临界通量，并且次临界通量下的总阻力值比超临界通量下的总阻力值高出一个数量级。这主要是由于次临界通量下，膜组件过滤运行时间较长，虽然膜组件表面的微生物量并没有超临界条件下的多，但形成的泥饼层比超临界条件下的泥饼层致密且紧实，造成泥饼渗透性能下降所致。对于膜孔堵塞这部分阻力来说，其值占总阻力值的百分比含量很低，可以忽略不计，但从次临界通量到超临界通量条件，其值是逐渐降低的。这表明，通量越低，运行时间越长，更容易导致小颗粒物质进入膜孔内部堵塞膜孔，造成膜孔堵塞阻力值增大；同时由于膜孔堵塞阻止了其他微小颗粒物质的进一步进入，在一定程度上提高了动态膜的截留效果，但这在另一方面增大了整个膜组件的过滤阻力，造成了更严重的膜污染。这也可以解释为次临界通量条件下总阻力值最高的原因。

表 4-5　不同通量下各部分阻力值及其百分比

通量/ (L/ (m² · h))	膜自身阻力 R_m/ (1/m)	膜孔堵塞阻力 R_f/ (1/m)	滤饼层阻力 R_c/ (1/m)	总阻力 R_t/ (1/m)
60	3.2×10^{10} (0.03％)	0.29×10^{10} (0.02％)	9.228×10^{13} (99.95％)	9.232×10^{13}

续表

通量/ (L/ (m² · h))	膜自身阻力 R_m/ (1/m)	膜孔堵塞阻力 R_f/ (1/m)	滤饼层阻力 R_c/ (1/m)	总阻力 R_t/ (1/m)
80	$3.2×10^{10}$ (0.18%)	$0.18×10^{10}$ (0.05%)	$1.771×10^{13}$ (99.77%)	$1.775×10^{13}$
120	$3.2×10^{10}$ (1.12%)	$0.101×10^{10}$ (0.08%)	$2.809×10^{12}$ (98.8%)	$2.843×10^{12}$

4.4 混合液特性分析

4.4.1 混合液胞外聚合物含量分析

EPS 是微生物细胞分泌的黏性物质，作为含水凝聚基质将微生物粘结在一起，其占总有机物质量分数的 50%～90%（Magara et al.，1976）。

EPS 的组成和各组分含量主要取决于污水类型和反应器操作条件等，实例 2 中以反应器达到稳定运行状态时（第 20 d 后）的运行时间为参数来考察好氧池混合液中 EPS 含量的变化，以蛋白质和多糖的含量之和代表总的胞外聚合物（T-EPS），如图 4-13 所示。图中以第 100 d 为界，前 80 d 的 SRT 控制为 40 d，后 40 d 的 SRT 控制为 20 d。在两种不同的 SRT 情况下，多糖的含量随运行时间的延长并没有增加，基本维持在 10～16 mg/g MLSS；而蛋白质随运行时间的延长而不断增加，导致 T-EPS 含量也不断增加，虽然在 100～120 d 有所降低，这主要是由于 SRT 的改变导致每天排泥的剧增，反应器负荷加大所致，随后 T-EPS 出现了增长趋势；同时胞外聚合物中蛋白质的含量比多糖大，其比值在 3～5。这表明，反应器运行过程中胞外聚合物，特别是蛋白类物质，主要来源于微生物的基质分解过程和内源呼吸过程，其中高分子物质的含量较高且可生物降解性差，因此出现了累积现象，其含量增加会降低膜过滤出水，直接导致膜污染。Lee 等（2003）指出 EPS 中蛋白质的含量对膜污染的影响最大，一方面使得活性污泥颗粒以及其他污染物更容易在膜表面沉积并形成紧密的滤饼层，另一方面导致活性污泥性质的变化，进而影响了膜过滤性能。其他的相关研究（Kimura et al.，2005；Drews et al.，2007；Liang et al.，2007；Wang et al.，2009）也表明 EPS 含量的增加会导致膜通量下降，加剧膜污染的发生。孟凡刚（2007）指出微生物生长代谢会产生大量蛋白质、多糖等黏性物质，活性污泥混合液的黏度会随之增加，这部分黏性物质很容易沉积在膜表面，加剧膜污染，使 MBR 的运行恶化。

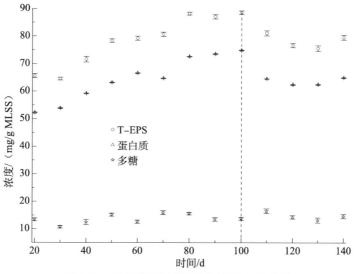

图 4-13　混合液 EPS 随运行时间的变化关系

　　实例 3 中基于生物强化活性炭混合液 EPS 提取方法的优选，采用 80℃ 热提取 20min，对生物强化活性炭动态膜反应器混合液 EPS 主要组分含量进行了长期监测，结果如图 4-14 所示。

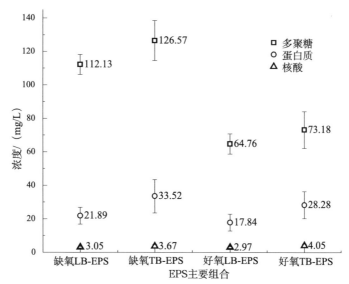

图 4-14　生物强化活性炭混合液稳定运行时 EPS 主要组分浓度
（基于最优提取方法：80℃ 热提取 20min）

结果表明，生物强化活性炭混合液 EPS 中主要组分为多聚糖和蛋白质，核酸含量较小，缺氧混合液中 LB-EPS 三种组分含量分别为 112.13mg/L、21.89mg/L 和 3.05mg/L，各组分质量分数分别为 81.8%、15.97% 和 2.23%，缺氧混合液中 TB-EPS 三种组分含量分别为 126.57mg/L、33.52mg/L 和 3.67mg/L，各组分质量分数分别为 77.29%、20.47% 和 2.24%；好氧混合液中 LB-EPS 三种组分含量分别为 64.76mg/L、17.84mg/L 和 2.97mg/L，各组分质量分数分别为 75.68%、20.85% 和 3.47%，好氧混合液中 TB-EPS 三种组分含量分别为 73.18mg/L、28.28mg/L 和 4.05mg/L，各组分质量分数分别为 69.36%、26.8% 和 3.84%。以往研究表明，混合液 EPS 是造成传统膜生物反应器膜污染的主要因素，且其中的蛋白质是其中引起膜污染的主要组分。

蛋白质本身可作为污染物直接堵塞膜孔，吸附沉积在膜表面，成为滤饼层的主要物质。Rojas 等（2005）研究发现蛋白质从 30mg/L 增加到 100mg/L，膜污染阻力增加 10 倍，Lee 等（2003）也指出 EPS 中蛋白质的含量对膜污染的影响最大。Frolund（1995）认为 EPS 中存在的蛋白质类可能属于胞外酶，Sponza 等（2003）论述了可生化降解的底物能够导致高水平的胞外酶，结合其他学者的研究结果分析，蛋白质是主要膜污染物质的原因可能在于活性污泥生物代谢过程中释放大量的胞外酶等物质来进行各种生物化学过程，从而使蛋白质含量相对较高。

在本试验中基于不同 EPS 的提取方法和此处最优提取方法，都得出蛋白质是混合液 EPS 的主要组成部分，且蛋白质对膜污染有较大影响。

4.4.2 混合液污染特性分析

1. 混合液中污泥絮体形态分析

DMBR 系统内活性污泥絮体中的微生物对该工艺处理效率和系统运行稳定性有着重要影响，污泥絮体结构能影响混合液性质，进而在一定程度上会促使膜污染的发生。因此，通过光学显微镜来观察反应器内各池混合液相的活性污泥絮体的变化特征，如图 4-15（见彩图 3）所示。在实验过程中，可以很明显地看到活性污泥颜色的变化，由于接种污泥来源于上海市曲阳污水处理厂二沉池的回流污泥，颜色很深，呈黑褐色；通过驯化培养后，颜色变为棕黄色。从图 4-15（a）的形态来看，接种污泥絮体的颗粒较大且结构密实，丝状菌生物数量少，但絮体中的菌胶团或其他细菌相互之间连接成为一个有机整体。经过驯化培养后，三个池子内活性污泥的最大变化是污泥颗粒明显比接种污泥的小，以丝状形式存在的丝状菌增多；污泥絮体以丝状菌为骨架，将菌胶团和其他微生物粘附在一起，以污泥絮体为整体，生长伸出的丝状菌吸附新的污泥絮体，大量菌胶团或污泥絮体团聚交织在一起，形成比较厚实的立体空间网格结构。活性污泥丝状菌过度繁殖会引发污泥膨胀问题，也有研究表明，丝状菌过度繁殖会使膜分离过程恶化、加剧膜污染。反应器运行后期丝状菌虽有明显增加，但其 SVI 一直低于 200 mL/g，因此，整个运行期间并没有出现污泥膨胀等问题。

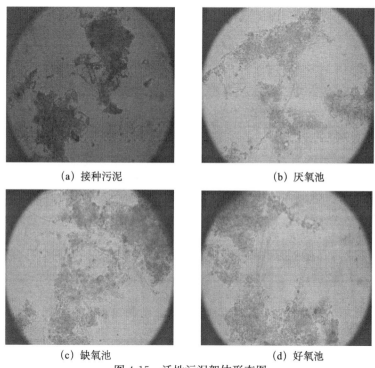

(a) 接种污泥　　　　　　　　　　(b) 厌氧池

(c) 缺氧池　　　　　　　　　　　(d) 好氧池

图 4-15　活性污泥絮体形态图

2. 相对疏水性分析

相对疏水性（RH）是活性污泥的重要性质之一，在一定程度上描述了活性污泥的表面性质。疏水性是微生物聚集的重要推动力，疏水性增加可以增强细胞间的亲和力。EPS 是影响活性污泥相对疏水性的根本原因（Wilén et al.，2003）。对于多分散体系活性污泥混合液，目前还没有精确测定疏水性的方法。本研究中，采用萃取方法测得的疏水性是活性污泥颗粒的疏水基团和亲水基团的平均值。从图 4-16 可以看出，DMBR 好氧池混合液的 RH 一般在 25%～60%；同时，RH 随着 EPS 浓度的增加而增加，二者的显著相关性为 $R^2 = 0.861$。表明混合液 EPS 浓度直接影响活性污泥的疏水性，当混合液 RH 较大时，活性污泥絮体之间及活性污泥与膜表面之间存在较强的疏水作用，污泥絮体很容易在膜面沉积形成滤饼层，使膜过滤阻力增大。Emanuelsson 等（2003）指出沉积在膜表面的污染物疏水性要远大于活性污泥混合液，在抽吸压力和曝气剪切力作用下，疏水性物质易于在膜表面沉积，而亲水性物质更易于被吹脱到活性污泥混合液主体中去。污泥的疏水性反映了 EPS 中既有疏水基团又有亲水基团，带有疏水部位的氨基酸对微生物絮体的疏水性影响很大；而多糖中含有羧基等亲水性基团，使污泥表面具有较多的亲水性物质，蛋白质与多糖的比值能准确地表现污泥的疏水性。因此，EPS 对污泥疏水性的影响主要由 EPS 中的带电官能团决定，取决于 EPS 的化学组成。实验中测得的 EPS 中，蛋白质含量比多糖大，表明蛋白质中带有疏水官能团的氨基酸对污泥絮体表面的疏水性起着主导作用。张丽丽等（2007）和曹占平等（2009）均得出 EPS 中蛋白质与多糖的比值与污泥的疏水性成正相关，且随着蛋白质与多糖比例的增大，RH 也会随之增大，该比例是影响活性污泥相对疏水性的重要原因，也是影响膜污染的根本原因。

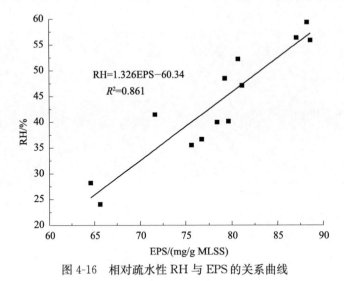

图 4-16　相对疏水性 RH 与 EPS 的关系曲线

3. 污泥沉降性能分析

活性污泥絮体形状如 EPS 数量、表面性质、絮体大小分布、密度或丝状菌长度等都被认为是影响活性污泥沉降性能的重要参数，它们或多或少对污泥沉降性能产生直接或间接的影响（赵敏，2011）。图 4-17 为 EPS 对活性污泥沉降性能的影响，当 EPS 从 65 mg/g MLSS 提升到 90 mg/g MLSS 时，SVI 值也从 100 mL/g 变大到 170 mL/g；EPS 与 SVI 呈显著的正相关关系，其相关系数 R^2 为 0.787。这表明，EPS 总量的增加可以导致污泥容积指数 SVI 增大，使泥水分离难度加大，沉降性能变差。大量研究（Jin et al.，2003；王红武等，2004；周健等，2004；杨文静等，2010）表明 EPS 与活性污泥沉降性能 SVI 相关性高，这主要是由于 EPS 中带负电的功能基团作用，生物絮体表面呈负电荷，EPS 浓度增加将导致生物絮体表面 Zeta 电位增加，根据 DLVO 理论，絮体间的排斥力增加将导致污泥沉降絮凝性能恶化，SVI 升高。此外，由于动态膜的截留作用，污泥沉降性能对出水水质影响较小。若实际运行过程中，SVI 长期偏高，将会使污泥絮体结构松散，沉降性能较差的污泥上浮，污泥混合液黏度增加，就会出现泡沫现象，严重时会破坏整个生化处理过程，影响出水水质。

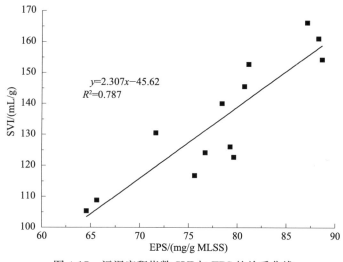

图 4-17　污泥容积指数 SVI 与 EPS 的关系曲线

4. 污泥絮凝性能分析

絮凝是聚合物粘附在细胞表面，在悬浮液细胞间形成架桥作用产生的结果。EPS 可以增强絮凝也可以阻止絮凝，这取决于聚合物和固体颗粒物的相对数量、固体和水的亲和力大小及电解质的类型和浓度等（鹿雯，2007）。EPS 是影响活性污泥絮凝性能的关键因素，而上清液悬浮固体含量可以用来直观地表征污泥絮凝情况。图 4-18 为 EPS 变化对污泥絮凝性能的影响。EPS 的增加能够引起 ESS 的升高，颗粒物之间重新絮凝能力降低。可能是因为 EPS 总量增大使絮体结构变松散、易破碎，引起单个细胞或微小絮体的数量增多。而所测上清液中固体颗粒粒径基本上在纳米到微米级之间，混合液中细微颗粒的大量增加，极易造成膜的堵塞，导致膜过滤阻力急剧增加；颗粒粒径越小则越易在膜孔及膜表面吸附沉积，造成严重的膜污染。Defrance 等（2000）指出混合液中的胶体粒子造成的膜污染达到了 50%。而 Liao 等（2001）则发现过量的 EPS 不利于污泥絮体絮凝，原因在于大量 EPS 分子从细胞表面伸出，由于空间位阻效应，阻碍了细胞之间的进一步接触；同时 EPS 形成密实的凝胶截留了大量水分，降低了污泥絮体和水之间的密度差异。Magara 等（1976）从污泥的电泳迁移速率角度解释了污泥絮凝性随 EPS 浓度增大而下降的原因。他们从不同角度解释了 EPS 增加导致污泥絮凝下降的原因，因此，为了实现活性污泥较好的絮凝效果，必须严格控制 EPS 的量，过量的 EPS 必然会直接导致膜污染，使反应器的运行恶化。

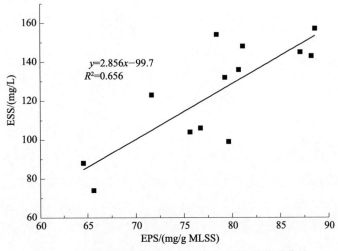

图 4-18　上清液悬浮固体浓度 ESS 与 EPS 的关系曲线

第5章

动态膜对污染物的去除

5.1 动态膜反应器对污染物的去除效果及影响因素

5.1.1 动态膜反应器对微污染水中污染物的去除效果

在动态膜反应器处理微污染水的试验过程中，动态膜反应器的运行分为两个阶段：启动阶段和稳定运行阶段。以实例 4 为例。

启动期间，反应器内水温变化范围为 24～29℃。在反应开始时，初次投加硅藻土，使反应器中硅藻土浓度达到 10g/L。此时硅藻土上没有微生物附着。通过搅拌机搅拌和曝气作用使硅藻土在反应器中保持悬浮状态。启动时前 3 天采用间歇进水方式运行，每天进、排水一次，排水体积为反应器有效体积的 50%。针对贫营养源微污染原水，采用人工强化方法，投加食用葡萄糖作为外加营养源。在间歇运行期间和连续流运行的前 3 天投加食用葡萄糖，使调整后进水中的高锰酸盐指数达到 10mg/L。间歇进水后试验装置采用连续流进水，在此期间 BDDM 设定通量为 30L/(m² · h)，此时进水量为 1.38L/(m² · h)，水力停留时间为 5.8h。

启动完成之后，试验装置进入稳定运行阶段。反应器中 MLSS 维持在约 12 000 mg/L，MLVSS 约 3000～3500 mg/L，生物硅藻土形成。BDDM 反应器运行时，每天投加的硅藻土量通过每天的排泥量、MLSS 量和 MLVSS 量计算确定。进水通过蠕动泵加入反应器，BDDM 出水采用蠕动泵抽出。BDDM 运行过程包括预涂阶段、过滤运行阶段和反冲洗阶段，与 BDDM 在城镇污水处理中的运行方式相同。在 BDDM 出水管路上安装 0.4 级精密真空表，测量蠕动泵抽吸负压值（运行压力），用于计算 BDDM 两侧压力差和过滤阻力。当真空表读数达到 40kPa 时，BDDM 达到运行终点，过滤运行结束，开始对 BDDM 进行空气反冲洗。此次试验中，BDDM 反冲洗尝试采用低压、脉冲空气反冲洗。

因启动阶段持续时间相对较长（一个月以上），有必要就启动阶段和稳定运行阶段分别探讨动态膜反应器对污染物的去除效果。

1. 启动阶段

以实例 4 为例，启动期间，BDDMR 对浊度的去除情况如图 5-1 所示。从图 5-1 可以看出，启动期间进水浊度为 3.90～6.50NTU，但出水浊度一直维持在 0.28～0.43NTU。虽然此时生物硅藻土尚未形成，但硅藻土颗粒同样会在不锈钢支撑网表面形成动态膜，此时为单纯硅藻土动态膜；硅藻土动态膜也具有很高的过滤精度（范瑾初等，1994；高乃云和范瑾初，1996）。浊度的去除主要是依靠硅藻土动态膜对混合液中颗粒物的良好的机械截留作用。因此在装置启动期间，系统出水浊度一直较稳定，出水浊度较低。

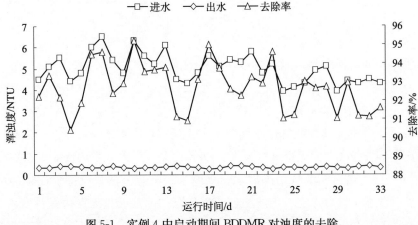

图 5-1　实例 4 中启动期间 BDDMR 对浊度的去除

启动期间，BDDMR 对 COD_{Mn} 的去除情况如图 5-2 所示。图 5-2 中前 3d 进水 COD_{Mn} 浓度较高，这是由于在启动前 3d 额外向原水中添加食用葡萄糖使进水 COD_{Mn} 达到 10mg/L 左右，以此来强化微生物生长。启动后的前 6d 中，系统对 COD_{Mn} 的去除率从 37% 逐渐下降到了 28%。从第 7d 开始，系统对 COD_{Mn} 的去除率逐渐上升，在启动第 15d 时，出水为 2.7mg/L，去除率达到 62.5%。之后系统对 COD_{Mn} 的去除效果达到稳定状态，去除率稳定在 62%～65%。

装置启动前期，系统中没有微生物，但开始前几天系统对 COD_{Mn} 仍有一定去除率。主要是因为硅藻土具有微孔结构，对 COD_{Mn} 具有吸附特性；由于硅藻土的吸附容量有限，且微生物还没有生长繁殖出来，因此系统对 COD_{Mn} 的去除率在接下来几天下降。之后随着系统中微生物量逐渐增多，微生物对 COD_{Mn} 的去除作用逐渐增大。当启动 15d 后，系统对 COD_{Mn} 的去除率达到稳定值，表明系统中对 COD_{Mn} 起去除作用的微生物量达到稳定，之后系统对

COD_{Mn} 的去除率保持稳定。

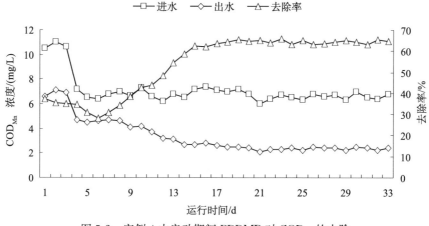

图 5-2　实例 4 中启动期间 BDDMR 对 COD_{Mn} 的去除

启动期间，BDDMR 对 UV_{254} 的去除情况如图 5-3 所示。对比图 5-2 和图 5-3，可见系统对 COD_{Mn} 的去除规律和对 UV_{254} 的去除规律相似。254nm 处的紫外吸光度是反映水中能吸收紫外光有机物的一种综合指标，水中不少有机物在 254nm 处都有一定的吸收值，UV_{254} 在一定程度上可反映水中有机物的多少。因此硅藻土在启动初期对有机物的吸附特性和启动后期微生物对有机物的降解作用，同时通过 UV_{254} 的变化规律表现出来。随着系统中微生物量逐渐增多，系统启动 13d 后，微生物量基本达到稳定，UV_{254} 的去除率达到 48.4%，之后系统对 UV_{254} 的去除率达到稳定状态。

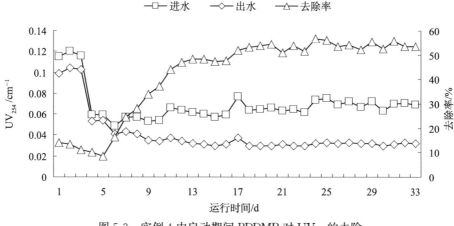

图 5-3　实例 4 中启动期间 BDDMR 对 UV_{254} 的去除

　　启动期间，BDDMR 对 NH_3-N 去除情况如图 5-4 所示。启动初期，系统对 NH_3-N 的去除率很低。从启动第 1d 到启动第 11d，系统对 NH_3-N 的去除率一直在 $5.13\%\sim8.6\%$。从第 12d 开始，系统对 NH_3-N 的去除率逐渐上升。当系统启动 20d 后，出水 NH_3-N 浓度为 0.26mg/L，去除率达到 81.1%。之后系统出水 NH_3-N 浓度均低于 0.3mg/L，去除率均在 83% 以上。

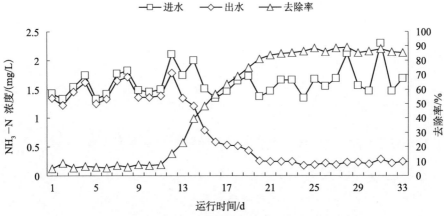

图 5-4　实例 4 中启动期间 BDDMR 对 NH_3-N 的去除

　　反应器对 NH_3-N 的去除率变化情况与系统对 COD_{Mn} 的去除率变化情况在启动后期变化情况类似，但启动前期具有很大差异性。启动前期，硅藻土自身对 NH_3-N 的吸附性能较弱，因此启动前期系统对 NH_3-N 的去除率一直很低。当系统中硝化菌出现、数量逐渐增加时，硝化菌对 NH_3-N 的硝化作用逐渐增强，引起 NH_3-N 去除率逐渐增大。由于硝化菌世代周期较长，需要较长时间的培养周期，启动 20d 对 NH_3-N 的去除率才达到稳定，但系统在启动 13d 和 15d 后分别对 UV_{254} 和 COD_{Mn} 的去除率达到稳定。

　　2. 稳定运行阶段

　　BDDMR 稳定运行时，选取设定通量为 50L/（$m^2 \cdot h$）连续运行 40d，考察整个装置对污染物的去除的稳定性。在此期间，BDDMR 对 COD_{Mn}、DOC、UV_{254}、NH_3-N 和 THMFP 的去除情况如图 5-5 所示。

　　虽然反应器进水浑浊度波动范围较大，为 $2.5\sim4.7$ NTU，但出水浑浊度一直稳定在 $0.26\sim0.41$ NTU，去除率在 90% 附近波动（图 5-5 (a)）。BDDM 出水浓度满足我国《生活饮用水卫生标准》（GB5749—2006）中出水浑浊度小于 1NTU 的规定。本试验中不锈钢支撑网孔径较大，出水浑浊度要比 Tian 等（Tian et al.，2008a）所研究的超滤膜生物反应器出水浑浊度稍高，但 BDDM 仍表现出优良的固液分离特性。

图 5-5（b）显示，进水 COD$_{Mn}$ 浓度为 4.4～6.1mg/L，BDDMR 出水 COD$_{Mn}$ 稳定，平均浓度为 2.37 mg/L，去除率平均为 54.7%，满足我国《生活饮用水卫生标准》（GB5749—2006）中出水 COD$_{Mn}$ < 3.0 mg/L 的规定。然而，饮用水水源有机物污染是很多水厂实际运行中面临的巨大挑战。由于过去几十年工业的快速发展，我国地表水体受到了城镇污水或工业废水的污染。现在我国许多地表水中 COD$_{Mn}$ 浓度达到了 6.0 mg/L 甚至更高。因此，大多数采用常规饮用水处理工艺（混凝、沉淀、砂滤）的给水厂很难将出水 COD$_{Mn}$ 降低到 3.0 mg/L 以下。根据本试验结果，BDDMR 可以妥善解决这一问题。

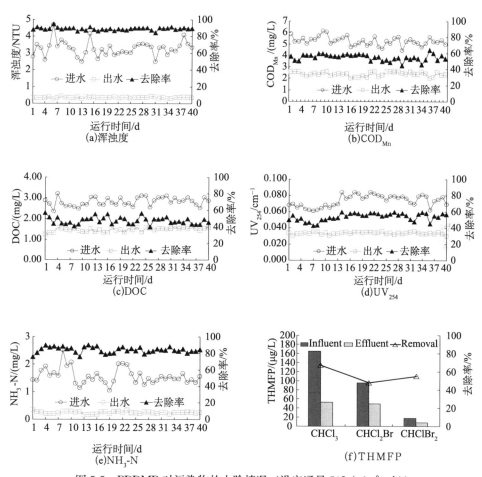

图 5-5　BDDMR 对污染物的去除情况（设定通量 50L/（m² · h））

BDDMR 对 DOC 和 UV$_{254}$ 的去除情况如图 5-5（c）和图 5-5（d）所示。从图中可以看出，BDDM 反应器对 DOC 和 UV$_{254}$ 的平均去除率分别为 47.6%

和 53.7%。Dong 等（2006）采用混凝和超滤结合工艺处理同样三好坞中水发现，即使采用 pH 5.5，组合工艺对 UV_{254} 的去除率只有 26 %。Xu 等（2007）报道，采用混凝、沉淀和砂滤工艺处理黄浦江水，工艺对 DOC 和 UV_{254} 的去除率分别为 31.4% 和 40.0%。此外，Tian 等（2008a）发现，采用超滤膜生物反应器处理饮用水时，反应器中 MLSS 和 MLVSS 分别为 670～740 mg/L 和 180～230 mg/L 时，系统对 DOC 和 UV_{254} 的去除率分别只有 19.4% 和 16.4%。本试验中，BDDMR 中 MLSS 维持在约 12 000 mg/L，MLVSS 约 3000～3500 mg/L。因此可以认为，BDDM 反应器对 DOC 和 UV_{254} 有较好的去除效果，主要是由于反应器中 MLSS 和 MLVSS 含量较高，微生物活性较高。

BDDMR 可以有效地去除 NH_3-N（图 5-5（e））。BDDM 反应器对 NH_3-N 的去除效率可以达到 75.5%～89.8%，出水 NH_3-N 一直低于 0.35 mg/L。BDDM 反应器对 NH_3-N 的去除主要是通过反应器中生物硅藻土微生物的降解作用。

BDDM 反应器对 THMFP 的去除情况如图 5-5（f）所示。试验中共检测到 3 种三卤甲烷，分别为 $CHCl_3$、$CHCl_2Br$ 和 $CHClBr_2$，出水浓度分别为 $53\mu g/L$、$49\ \mu g/L$ 和 8 $\mu g/L$，所对应的去除率分别为 67%、48% 和 55%。BDDM 反应器出水中 $CHCl_3$、$CHCl_2Br$ 和 $CHClBr_2$ 浓度均满足我国《生活饮用水卫生标准》（GB5749—2006）中的限制（$CHCl_3$、$CHCl_2Br$ 和 $CHClBr_2$ 出水限值分别为 $60\mu g/L$、$60\mu g/L$ 和 10 $\mu g/L$）。$CHBr_3$ 在反应器进水和出水中均没有被检测出。以上试验结果表明，BDDM 反应器可有效去除 THMFP。THMFP 的去除与 DOC 的去除有很大相关性。图 5-5（c）得到 BDDM 反应器对 DOC 的平均去除率为 47.6%，因此 BDDM 反应器可以显著去除 THMFP。有报道称，THMFP 主要由分子量小于 1 kDa 的溶解性物质构成。本试验也发现 BDDM 反应器可以有效去除分子量小于 1kDa 的溶解性物质，因此反应器对 THMFP 的去除效果较好。

5.1.2　动态膜反应器对生活污水中污染物的去除效果

实例 3 中采用活性炭以 50cm 重力作用水头进行预涂动态膜，恒通量过滤的运行模式处理生活污水，反应器内水力停留时间 6～8h，SRT 35～40d。与微污染水动态膜反应器处理工艺相比，生活污水动态膜反应器无需启动阶段。

试验原水为城市污水厂的实际生活污水，进水 COD 浓度波动性大。图 5-6
为反应器进出水 COD 浓度及其去除率。试验结果表明，生物强化活性炭动
态膜反应器在微生物驯化完成后出水 COD 浓度稳定在 50mg/L，当进水 COD 浓
度为 350～400mg/L 时，COD 去除能力达到 90%～95%。生物强化活性炭动
态膜工艺对有机物的去除主要是基于反应系统内部微生物的降解作用及小部分
动态膜截留作用，且有效地缓解了实际生活污水进水水质不稳定的问题。

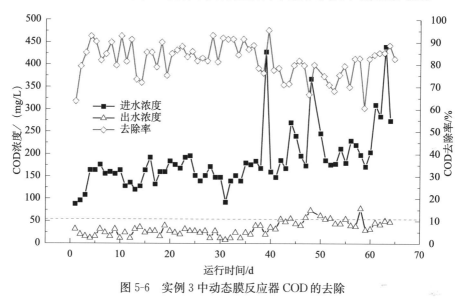

图 5-6　实例 3 中动态膜反应器 COD 的去除

图 5-7 为反应器进出水氨氮和总氮的含量及其去除率情况。实验结果表
明，利用动态膜的截留作用使世代周期长的硝化细菌被有效富集在反应器内，
大大提高了硝化效率，保证对氨氮良好的去除效果。反应器运行期间，出水氨
氮始终在 5mg/L 以下。在反应器运行 40d 以后，移动反应器内曝气头与搅拌
器的位置，使好氧膜过滤池内混合更为均匀，此时，出水氨氮几乎检测不出。
反应稳定运行后出水总氮稳定达到一级 A 标准，出水浓度在 15mg/L 以内，
反硝化效果良好。

图 5-8 为动态膜反应器进出水总磷含量及其去除率，图中可以看出，当反
应器对 COD 去除效率达到稳定时，反应器总磷的去除率非常低，去除率在
20%左右；反应器继续运行 20d 之后，反应器对总磷的去除效率逐渐上升，达
到 50%左右。综合分析，该缺氧或好氧生物强化活性炭动态膜反应器对总磷
的去除效率相对较低，可能因为厌氧释磷菌驯化不完全，同时，反应器内污泥
泥龄较长，而生物除磷的关键在于聚磷菌高效吸磷后随剩余污泥排出系统。反

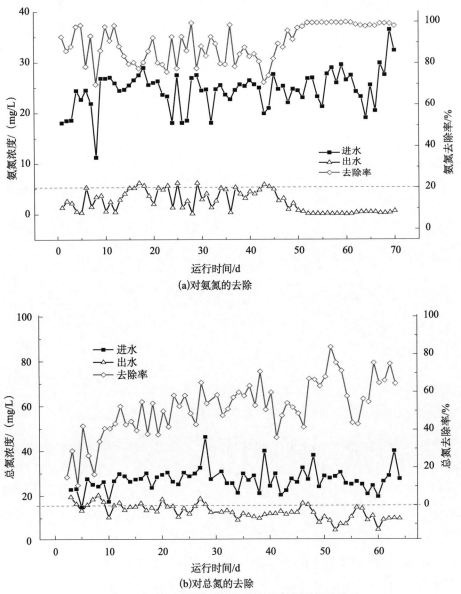

(a)对氨氮的去除

(b)对总氮的去除

图 5-7　实例 3 中动态膜反应器对氨氮及总氮的去除

应器内污泥停留时间为 40d，从经济性角度考虑，实际应用中需后续添加混凝沉淀等强化除磷工艺。

实例 2 中所用进水为模拟生活污水的人工配水，采用硅藻土动态膜反应器处理。从接种至稳定运行历时 157 d；接种培养期间（约 20 d），反应器对污染物去除率处于波动阶段，随后去除率不断提高，至稳定运行阶段一直保

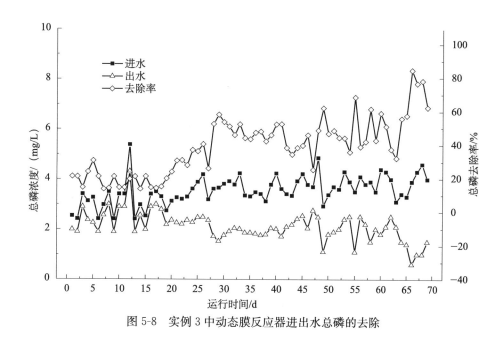

图 5-8　实例 3 中动态膜反应器进出水总磷的去除

持较高的去除率，如图 5-9 所示。进水 COD 浓度在 276～447 mg/L 波动，平均浓度为 379 mg/L，而稳定运行阶段的出水 COD 浓度基本上都低于 50 mg/L，整个运行期间对 COD 的平均去除率达到了 86.86%，测其上清液 COD 得出动态膜对 COD 的平均去除率达到了 8.93%。该装置能很好地实现对 NH_3-N 的去除，平均去除率达到了 95.48%，对 TN 的平均去除率也达到了 76.92%，且 TN 的出水浓度基本上可以满足《城镇污水处理厂污染物排放标准》（GB18918—2002）中的一级 A 排放标准。最主要的原因可能是由于接种污泥的微生物活性高（MLVSS/MLSS≈0.88），接种泥中存在优势菌种，通过动态膜的高效截留可以使世代周期较长的优势菌种如硝化细菌、反硝化细菌停留于反应器内，好氧池里充足的溶解氧及通过控制回流比实现的厌氧、缺氧环境有利于菌种大量繁殖，因此，稳定运行阶段一直保持较高的去除率。

　　与实例 3 不同的是，实例 2 中对 TP 的去除效果非常好，平均去除率达到了 98.19%，出水基本检测不到 TP。第 100 d 时将污泥龄变为 20 d，虽出水 TP 有所波动，但最后出水中也基本检测不出。分析其原因主要有两个方面：①反应器独特的设计，为了达到厌氧环境，厌氧池上方采用水封装置，严格限制了空气中的氧进入厌氧区；同时采用 UCT 工艺，厌氧区回流的混合液来自缺氧区，限制了好氧区回流带来的溶解氧对厌氧区的影响，严格的厌氧能实现厌氧池释磷浓度达到进水浓度的 3 倍之多；②模拟废水中的磷都采用的是正磷酸盐，能直接被微生物吸收和释放；在厌氧释磷的前提下，在好氧池能过度吸收混合液相中的磷，以至于膜出水中检测不到磷。此外，通过污泥龄的控制，将混合液中的污泥排出反应器就解决了磷积累问题。

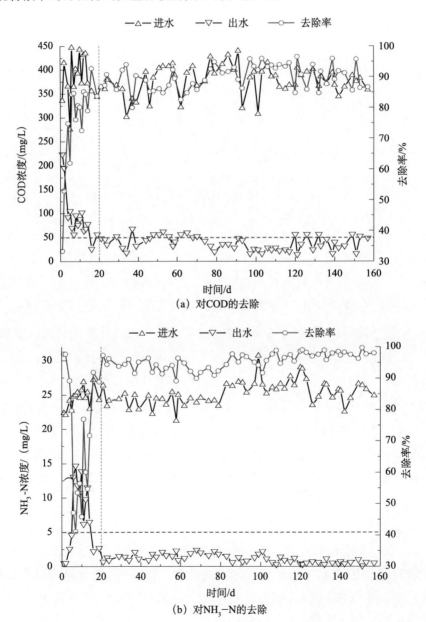

（a）对COD的去除

（b）对NH₃-N的去除

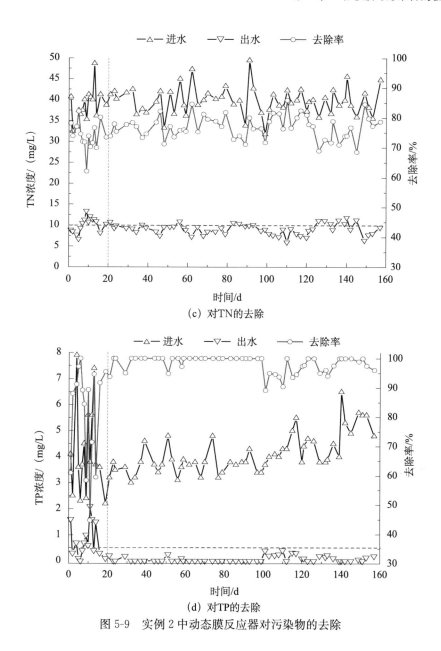

(c) 对TN的去除

(d) 对TP的去除

图 5-9　实例 2 中动态膜反应器对污染物的去除

5.1.3　动态膜反应器污染物去除影响因素

1. 膜通量（水力停留时间）对污染物去除影响

在生物处理工艺中，水力停留时间（HRT）直接影响着工程的总投资，并以多种方式影响着生物池的处理效果。停留时间的大小，直接关系到水在生物池中与载体上的生物膜接触的时间。微生物对基质的降解需要一定的接触反应时间作保证。停留时间越大，水力负荷越小，水与载体接触的时间越长，处理效果越好，反之亦然。但是在较高的停留时间下，其相同规模水量生物池的工程投资越大。在反应器容积一定的情况下，出水通量与过滤面积的乘积即为反应器进水流量。出水通量越小，进水在反应器中水力停留时间越长，微生物负荷越小。

为了考察膜通量（水力停留时间）对污染物去除的影响，以实例 4 中的装置和运行条件为基础，选用四种不同的 BDDM 设定通量，即 20L/（m² · h）、30L/（m² · h）、50L/（m² · h）和 70L/（m² · h），对应的水力停留时间分别为 8.7h、5.8h、3.5h 和 2.5h。每一设定通量下，连续运行 10 天。

四种不同设定通量下，BDDMR 对 COD$_{Mn}$ 的去除效果如图 5-10 所示。从图 5-10 中可以看出，BDDM 设定通量为 20L/（m² · h）、30L/（m² · h）、50L/（m² · h）和 70L/（m² · h）时，BDDMR 出水 COD$_{Mn}$ 浓度分别为 1.24～1.62mg/L、1.99～2.54mg/L、2.03～2.57mg/L 和 2.99～3.65mg/L，对应的 COD$_{Mn}$ 去除率分别为 71.5%～76.1%、62.9%～65.8%、55.2%～59.4% 和 49.4%～54.4%，出水 COD$_{Mn}$ 的浓度和去除率都随着设定通量的增大（水力停留时间减少）而降低。当 BDDM 设定通量为 20L/（m² · h）、30L/（m² · h）和 50L/（m² · h）时，出水 COD$_{Mn}$ 的浓度均低于了 3mg/L，满足我国《生活饮用水卫生标准》（GB5749—2006）中规定的出水 COD$_{Mn}$ 标准限值；当 BDDM 设定通量为 70L/（m² · h）时，出水 COD$_{Mn}$ 的浓度超过了 3mg/L，不能满足《生活饮用水卫生标准》（GB5749—2006）中规定的 COD$_{Mn}$ 的标准限值 3mg/L。

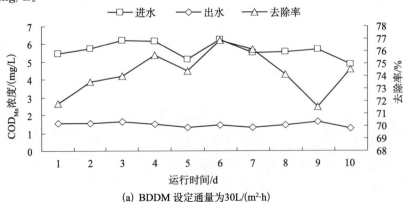

(a) BDDM 设定通量为 30L/(m²·h)

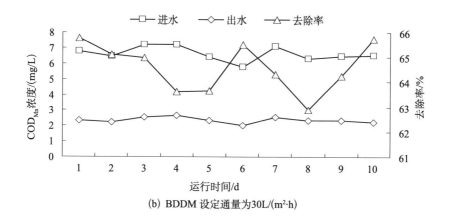

(b) BDDM 设定通量为30L/(m²·h)

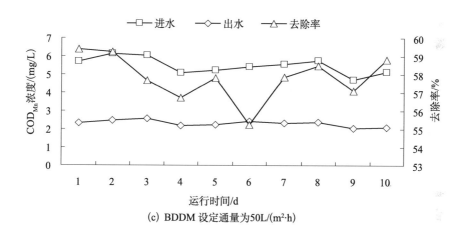

(c) BDDM 设定通量为50L/(m²·h)

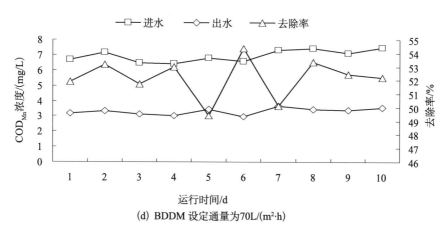

(d) BDDM 设定通量为70L/(m²·h)

图 5-10 不同设定通量下的 BDDMR 对 COD$_{Mn}$ 的去除情况

四种不同的设定通量下，BDDMR 对 UV_{254} 的去除效果如图 5-11 所示。从图 5-11 中可以看出，BDDM 设定通量为 20L/（m^2·h）、30L/（m^2·h）、50L/（m^2·h）和 70L/（m^2·h）时，BDDMR 对 UV_{254} 的去除率分别为 62.2%～67.1%、52.3%～56.8%、47.8%～58.2% 和 42.6%～52.2%。BDDMR 对 UV_{254} 的去除率变化规律与 BDDMR 系统对 COD_{Mn} 的去除率变化规律相同，即去除率随着设定通量的增大（水力停留时间减少）而降低。

BDDMR 对有机物的去除率随设定通量的增大而降低，即水力停留时间对污染物的去除有较大影响。水力停留时间越长，BDDMR 对原水中有机物的去除效果越好。根据前一章节的讨论，BDDMR 对有机物的去除主要是依靠反应器中生物硅藻土的微生物降解作用，BDDM 过滤过程中对有机物的截留去除非常有限。BDDM 设定通量的增大会直接影响原水在反应器中的水力停留时间，从而减少生物硅藻土中微生物的接触时间，降低有机物的去除率。BDDM 反应器中添加硅藻土作为微生物的悬浮载体，依靠硅藻土的高浓度，可以提高反应器中微生物的数量；当水力停留时间在 3.5h 以上时，BDDMR 出水中 COD_{Mn} 的含量低于 3mg/L。但当水力停留时间为 2.5h 以下时，出水 COD_{Mn} 的含量高于 3mg/L，表明有机污染物与微生物的接触时间不足，异养微生物不能对原水中的有机污染物进行足够降解，影响出水水质。

四种不同设定通量下，BDDMR 对 NH_3-N 的去除效果如图 5-12 所示。

从图 5-12 可以看出，BDDM 设定通量越大，原水停留时间越短，BDDMR 对 NH_3-N 的去除率越小。BDDM 设定通量为 20L/（m^2·h）、30L/（m^2·h）、50L/（m^2·h）和 70L/（m^2·h）时，BDDM 反应器出水中 NH_3-N 浓度分别为 0.152～0.221 mg/L、0.180～0.243 mg/L、0.189～0.271 mg/L

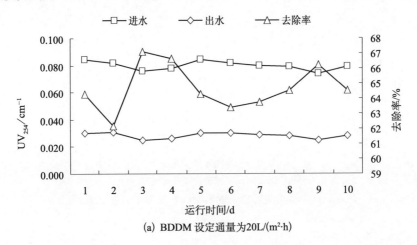

(a) BDDM 设定通量为 20L/(m^2·h)

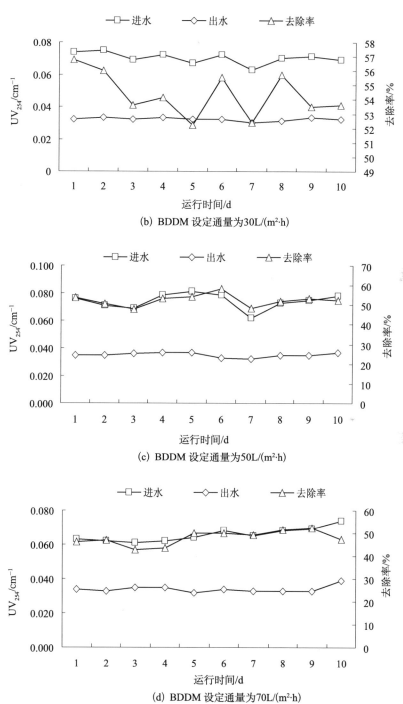

(b) BDDM 设定通量为30L/(m²·h)

(c) BDDM 设定通量为50L/(m²·h)

(d) BDDM 设定通量为70L/(m²·h)

图 5-11　不同设定通量下 BDDMR 对 UV$_{254}$的去除情况

和 0.387～0.512 mg/L，去除率相应为 87.5%～92.1%、85.6%～88.7%、80.3%～87.9% 和 70.2%～74.7%。我国新《生活饮用水卫生标准》(GB5749—2006) 中规定的 NH_3-N 标准限值为 0.5mg/L。可见当 BDDM 设定通量为 70L/ (m² · h) 时，即原水停留时间 2.5h 时，BDDMR 在运行期间出水 NH_3-N 有时不能满足水质要求。BDDMR 对 NH_3-N 的去除主要是靠生物硅藻土上微生物的生物降解作用，BDDM 的吸附去除作用很小。硝化菌通过硝化作用将 NH_3-N 转化去除。生物硅藻土一个显著优点是可以在提高硅藻土浓度的同时延长反应器中生物硅藻土污泥龄，有利于硝化菌的繁殖、提高硝化菌浓度，从而提高 NH_3-N 去除效果。停留时间 3.5h 以上可以保证生物硅藻土中硝化菌对 NH_3-N 的硝化降解。

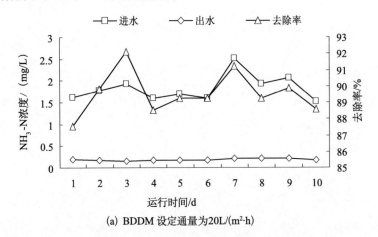

(a) BDDM 设定通量为20L/(m²·h)

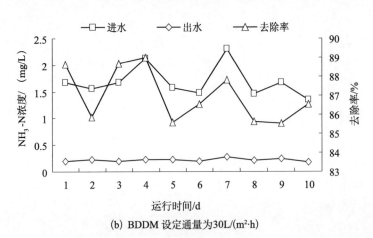

(b) BDDM 设定通量为30L/(m²·h)

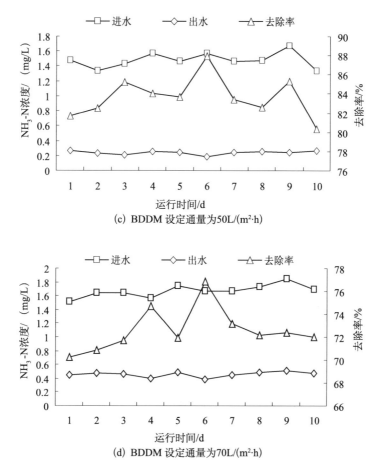

图 5-12　不同设定通量下 BDDMR 对 NH_3-N 的去除情况

　　四种不同设定通量下，BDDMR 出水浊度变化情况如图 5-13 所示。图中数据为每一设定通量运行 10d 中数据平均值，四组数据的标准偏差均不超过 5%。

　　BDDMR 出水浊度依靠 BDDM 控制。从图 5-13 可以看出，BDDM 出水浊度和设定通量变化没有明显关系。BDDM 设定通量为 20L/（m^2·h）、30L/（m^2·h）、50L/（m^2·h）和 70L/（m^2·h）时，BDDM 出水平均浊度分别为 0.34NTU、0.37NTU、0.32 NTU 和 0.36 NTU，平均去除率分别为 93.7%、92.6%、93.8% 和 93.1%。从理论上分析，设定通量越大，出水对 BDDM 产生的水力冲击力越大，越容易引起污染颗粒泄漏，导致出水浊度上升。但试验中出水浊度并没有随设定通量的增大而上升，表明 BDDM 具有较好的抵抗水力冲刷的能力。在不同设定通量过滤运行中，BDDMR 出水浊度一直保持稳定，均不超过 0.4NTU。这也表明 BDDM 具有优良的固液分离特性、抗冲击负荷特性和过滤稳定性。

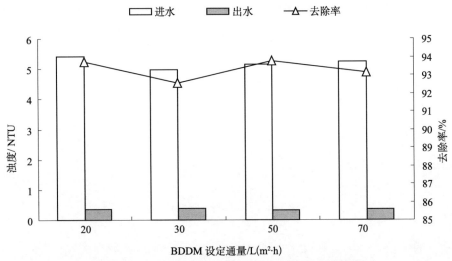

图 5-13　不同设定通量下 BDDMR 对浊度的去除情况

实例 6 中单独考察了不同水力停留时间下出水的分子量分布，以此表征不同膜通量（水力停留时间）对有机物截留效果的影响。如图 5-14（见彩图 4）所示，在水力停留时间分别为 4h、8h、12h 时，不同的停留时间下工艺对不同分子量分布的去除效果随着停留时间的增长而增大，这与对 COD_{Mn}、UV_{254} 的去除效果类似。由于大分子量有机物通常是通过吸附截留去除，小分量有机物则主要以生物降解为主，因此停留时间对去除效果影响较大。

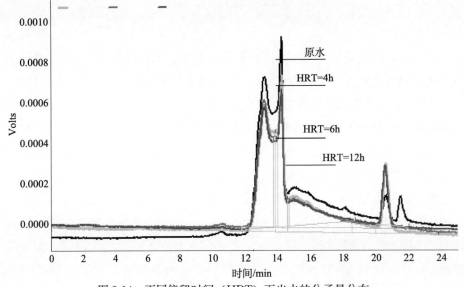

图 5-14　不同停留时间（HRT）下出水的分子量分布

总的看来对有机物的去除率受停留时间影响较大，停留时间越长，有机物的去除效果越好。这是因为：首先生物对有机物具有一定的生物降解效果，当停留时间增加意味着污染物质同生物膜的接触时间更长，更易被生物降解去除。其次，对于反应器中的粉末活性炭或硅藻土来说，与污染物的接触时间越长，其吸附的污染物也就越多，处理效果越好。

2. 溶解氧浓度对污染物去除影响

实例4中针对BDDMR中溶解氧影响的试验中，选取两种不同的BDDM设定通量，即30L/（m^2·h）和50L/（m^2·h），对应的水力停留时间分别5.8h和3.5h。控制BDDMR中溶解氧分别为1.0～2.0mg/L、2.0～3.0mg/L和3.0～4.0mg/L。不同试验条件下BDDMR稳定运行时的试验结果见表5-1。

表 5-1　溶解氧对 BDDMR 去除 COD_{Mn} 和 NH_3-N 的影响

设定通量/ (L/（m^2·h))	溶解氧/ (mg/L)	进水/ (mg/L)	COD_{Mn} 出水/ (mg/L)	去除率/ %	进水/ (mg/L)	NH_3-N 出水/ (mg/L)	去除率/ %
30	1.0～2.0	6.48～7.13	2.45～2.87	59.8～62.6	1.56～1.68	0.43～0.52	68.9～74.5
	2.0～3.0	5.75～7.22	2.09～2.74	61.9～63.7	1.47～2.31	0.30～0.37	76.8～86.5
	3.0～4.0	6.23～6.57	2.14～2.33	64.2～65.7	1.34～1.85	0.18～0.24	85.5～89.3
50	1.0～2.0	5.38～6.23	2.55～2.88	52.6～54.2	1.45～1.58	0.47～0.55	65.1～67.4
	2.0～3.0	5.36～5.57	2.32～2.50	54.9～57.9	1.47～1.67	0.33～0.41	73.3～77.7
	3.0～4.0	4.73～5.23	2.03～2.16	57.1～58.9	1.34～1.75	0.22～0.25	83.3～85.7

BDDM设定通量30L/（m^2·h）时，随着反应器中溶解氧的下降，BDDMR出水COD_{Mn}浓度略有增加，但去除率变化不大；但BDDMR对NH_3-N的去除效果随着溶解氧的下降，出水NH_3-N浓度明显增加。当溶解氧为1.0～2.0mg/L时，出水NH_3-N浓度在0.43～0.52mg/L，不能一直满足我国新《生活饮用水卫生标准》（GB5749—2006）中规定的NH_3-N标准限值为0.5mg/L。BDDM设定通量为50L/（m^2·h）时，随着反应器中溶解氧的下降，BDDMR出水COD_{Mn}浓度增加，但出水COD_{Mn}浓度均小于0.3mg/L，去除率变化不大。当溶解氧为2.0～3.0mg/L和1.0～2.0mg/L时，出水NH_3-N浓度分别为0.33～0.41mg/L和0.47～0.55mg/L，表明此时BDDMR对NH_3-N的去除效果受溶解氧变化的影响较大。

试验结果表明，溶解氧的降低对COD_{Mn}的去除效果影响不明显，但对NH_3-N的去除效果影响显著。因硝化细菌是好氧菌，亚硝化菌和硝化细菌利用氧气将NH_3-N氧化为亚硝酸氮及硝酸氮而去除，故降低反应池内溶解氧浓度会明显影响硝化反应的进行。

BDDM 设定通量为 30L/(m^2·h) 时，水力停留时间为 5.8h，远大于 BDDM 设定通量为 50L/(m^2·h) 时的水力停留时间 3.5h。表 5-1 中也可以看出，在相同溶解氧的条件下，设定通量为 30L/(m^2·h) 时，BDDM 出水 NH_3-N 浓度低于设定通量 50L/(m^2·h) 时的出水 NH_3-N 浓度。溶解氧较低时，延长水力停留时间有利于提高 NH_3-N 的去除效果。

3. 温度对污染物去除影响

实例 4 中选取的试验装置从夏季运行到冬季运行一段时间的试验数据，考察温度对污染物去除的影响，该时间段水温波动为 29～9℃。BDDM 反应器主要通过生物硅藻土的微生物降解作用去除微污染原水中的污染物。温度是影响微生物生理活动的重要因素之一。大多数微生物的新陈代谢活动会随着环境温度的升高而增强。好氧微生物的适宜温度范围是 10～35℃。为考察温度对污染物去除的影响，试验选取反应器在设定通量为 50L/(m^2·h) 条件下，每天运行一个过滤周期，并结合前面试验结果，选取反应器中的溶解氧浓度为 3.0～4.0mg/L，用此条件下的试验数据分析温度变化对 BDDMR 去除 COD 的影响。

试验运行过程中，温度变化对 BDDMR 去除 COD_{Mn} 的影响如图 5-15 所示。

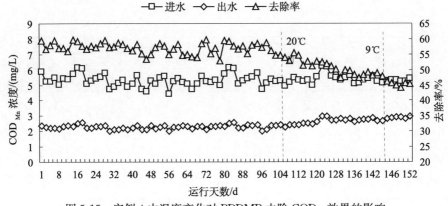

图 5-15　实例 4 中温度变化对 BDDMR 去除 COD_{Mn} 效果的影响

从图 5-15 中可以看出，BDDMR 对 COD_{Mn} 的去除率随着水温的下降而下降。由 5.1.1 的讨论结果可知，BDDMR 对 COD_{Mn} 的去除主要是依靠生物硅藻土的微生物降解作用，BDDM 的截留去除作用较弱。试验结果表明，随着水温的下降，微生物活性受到低温的影响；反应器中的微生物分解有机物的能力降低，生物硅藻土对 COD_{Mn} 的微生物降解能力下降。当水温低于 20℃ 时，BDDMR 对 COD_{Mn} 的去除率开始明显下降。当水温只有 9℃ 时，BDDMR 对

COD$_{Mn}$的去除率只有 45％左右，但仍能满足出水 COD$_{Mn}$浓度低于 3mg/L 的情况。可见，水温的变化对 BDDMR 去除 COD$_{Mn}$的效果影响较大。

试验运行过程中，温度变化对 BDDMR 去除 NH$_3$-N 的影响如图 5-16 所示。从图 5-16 中可以看出，随着水温的降低，BDDMR 对 NH$_3$-N 的去除率略有下降，但下降幅度不大，明显小于同等条件下的装置对 COD$_{Mn}$去除率的下降幅度。试验结果表明生物硅藻土对 NH$_3$-N 的生物降解作用受水温变化的影响较小。一些学者关于温度对微生物降解 NH$_3$-N 的影响也有类似的研究结果（龚明树和殷云兰，1999；Xu et al.，2007）。亚硝化菌对 NH$_3$-N 的亚硝化作用和硝化菌对亚硝酸氮的硝化作用是去除 NH$_3$-N 的主要原因，而亚硝化菌和硝化菌适应温度变化的能力较强，能分别在 2～40℃和 5～40℃条件下生长（表 5-2）。此外，反应器中生物硅藻土浓度较高，达到了 12 000mg/L，MLVSS 约 3000～3500 mg/L，可以提高硝化菌与亚硝化菌的数量，更加增强了反应器对水温变化的抵抗能力。

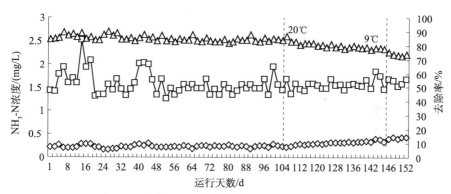

图 5-16　实例 4 中温度对 NH$_3$－N 处理效果的影响

表 5-2　硝化各菌属生存温度范围

类别	细菌属名	适宜温度/℃
亚硝化细菌	亚硝化单胞菌属	5～30
	亚硝化螺菌属	15～30
	亚硝化杆菌属	2～40
	亚硝化球菌属	2～40
	亚硝化叶状菌属	15～30
	亚硝化弧菌属	－5～30
硝化细菌	亚硝化杆菌属	5～40
	亚硝化螺菌属	20～30
	亚硝化刺菌属	25～30
	亚硝化球菌属	15～30

实例 6 中同样对温度对污染物去除影响进行了考察，其所得结果支持实例 4 中的结论。具体试验结果如图 5-17～图 5-19 所示。试验中水温在 33～5℃，其中 11 月前水温一直维持在 18℃ 以上，之后水温逐渐降低至 10℃ 以下。

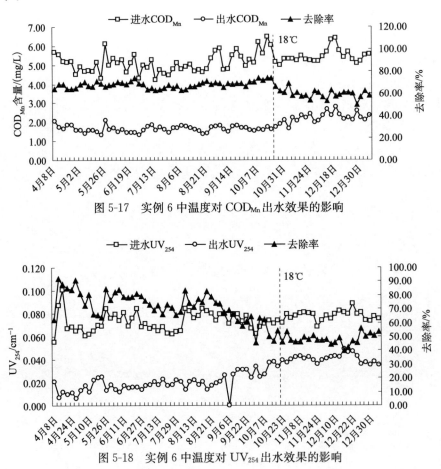

图 5-17　实例 6 中温度对 COD_{Mn} 出水效果的影响

图 5-18　实例 6 中温度对 UV_{254} 出水效果的影响

4. 氨氮浓度对污染物去除的影响

动态膜生物反应器主要是利用微生物对氨氮氧化分解作用去除氨氮类污染物的。进水中的氨氮浓度的波动必然会影响出水效果，而且对于微污染水源水来说，通常出现冬季氨氮浓度较高，夏季偏低的情况。因此考察工艺对氨氮浓度变化的适应能力是很有必要的。实例 6 通过投加硫酸铵增加进水的氨氮浓度，分别控制氨氮浓度在 1.0～1.5mg/L、1.5～2.5 mg/L 和 2.5～3.5mg/L。

图 5-20 和图 5-21 分别为不同氨氮浓度下该装置对 COD_{Mn} 和 UV_{254} 的去除效果。

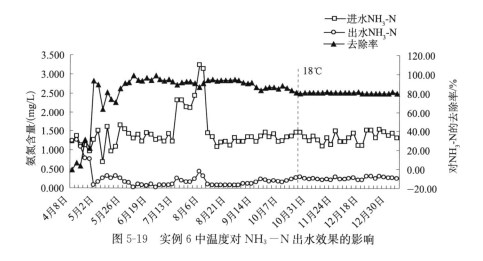

图 5-19　实例 6 中温度对 NH$_3$—N 出水效果的影响

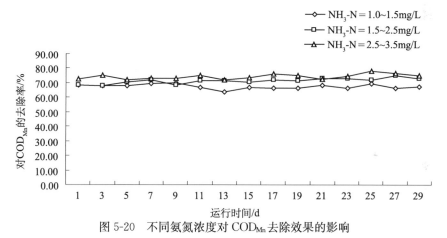

图 5-20　不同氨氮浓度对 COD$_{Mn}$ 去除效果的影响

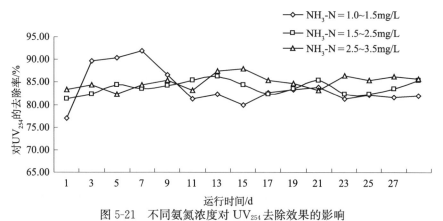

图 5-21　不同氨氮浓度对 UV$_{254}$ 去除效果的影响

从图 5-20 可以看出，当进水氨氮浓度为 1.0～1.5mg/L 时，进水氨氮对 COD_{Mn} 的去除率为 63.55％～70.14％；当进水氨氮浓度为 1.5～2.5mg/L 时，进水氨氮对 COD_{Mn} 的去除率为 67.92％～75.34％；当进水氨氮浓度为 2.5～3.5mg/L 时，进水氨氮对 COD_{Mn} 的去除率为 72.13％～78.23％。随着进水氨氮浓度的增加，进水氨氮对 COD_{Mn} 的去除率有所增加。

从图 5-21 可以看出，当进水氨氮浓度为 1.0～1.5mg/L 时，进水氨氮对 UV_{254} 的去除率为 76.92％～83.33％；当进水氨氮浓度为 1.5～2.5mg/L 时，进水氨氮对 UV_{254} 的去除率为 81.23％～86.23％；当进水氨氮浓度为 2.5～3.5mg/L 时，进水氨氮对 UV_{254} 的去除率为 82.34％～87.97％。随着进水氨氮浓度的增加，对 UV_{254} 的去除率略有增加。

总的来说，氨氮进水浓度的变化对有机物的去除有一定的影响，其原因可能是：在同时发生硝化反应和异样菌的降解过程中，硝化菌和异样菌相互利用和竞争，异养菌在低有机物浓度下，由于营养浓度较低，异养菌的生长繁殖不能很快地进行，从而对水中有机物的氧化降解率较低。当水中的氨氮浓度增加时，硝化细菌产生的有机细胞物质部分作为异样菌的基质，使得异养菌有了较多的电子供体，促进了异养菌的生长，使得水中的有机物在异养菌的作用下分解和氧化。因此当进水氨氮浓度增加时对有机物的去除有一定的促进作用。

图 5-22 为不同氨氮浓度下的工艺对 NH_3-N 的去除效果。

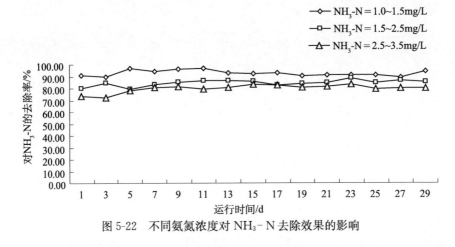

图 5-22　不同氨氮浓度对 NH_3-N 去除效果的影响

从图 5-22 可以看出，当进水氨氮浓度为 1.0～1.5mg/L 时，进水氨氮对 NH_3-N 的去除率为 89％～97.04％；当进水氨氮浓度为 1.5～2.5mg/L 时，对进水氨氮 NH_3-N 的去除率为 77.98％～88.60％；当进水氨氮浓度为 2.5～3.5mg/L 时，进水氨氮对 NH_3-N 的去除率为 72.46％～83.54％。随着进水氨氮浓度的增加，进水氨氮对 NH_3-N 的去除率有所降低。从图上看，当进水氨氮浓度增加时，反应器能够很快将氨氮的去除率稳定下来，说明反应器应对冲击负荷的能力较强。当氨氮浓度达到 3.4mg/L 时，出水氨氮浓度为 0.402mg/L，仍低于《生活饮用水卫生标准》（GB5749—2006）中规定的 NH_3-N 的限值（0.5mg/L）。

5.2 动态膜污染物的去除效果

动态膜通过泥饼拦截作用可以有效去除颗粒型污染物。为考察动态膜单独对污染物的去除作用，实例 1 中将预涂完成后的 BDDM 组件从反应器中取出，放入盛满原污水的容器中，据此分析 BDDM 单独作用下对 COD 和 NH_3-N 的去除效果。选取设定通量 60L/(m² · h)、BDDM 组件直接放入原污水过滤 2h 后开始取样进行测试。BDDM 单独作用时对 COD_{Cr} 和 NH_3-N 去除率的四次平行试验结果如图 5-23 所示。

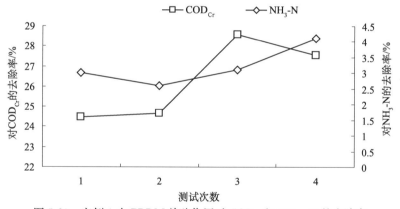

图 5-23 实例 1 中 BDDM 单独作用对 COD_{Cr} 和 NH_3-N 的去除率

从图 5-23 中可以看出，当 BDDM 单独作用时，BDDM 对 COD_{Cr} 和 NH_3-N 的去除率分别为 24.5%～28.6% 和 2.6%～4.1%，远远小于整体动态膜反应器对 COD 和 NH_3-N 的高去除率。表明整个系统对 COD_{Cr} 和 NH_3-N 的去除主要是依靠反应器中生物硅藻土的生物降解作用，BDDM 所起的作用很小。BDDM 对 COD_{Cr} 和 NH_3-N 的去除作用又有不同，BDDM 对 NH_3-N 几乎没有去除作用，而对 COD_{Cr} 却有一定的去除作用。这可能是因为 BDDM 主要截留悬浮颗粒物和一些大分子物质，BDDM 对原污水中的颗粒态 COD_{Cr} 有一定的截留去除作用；NH_3-N 是溶解性小分子，BDDM 对 NH_3-N 不能依靠截留作用去除。

综合以上试验结果表明，BDDM 反应器对城镇污水中污染物的去除，如 COD、NH_3-N 和 TN 等，主要是通过反应器中生物硅藻土混合液中微生物的生物降解作用，BDDM 对各种污染物的去除效果不明显。

由于在整个 BDDM 反应器系统中，BDDM 是承担出水过程中混合液固液分离的功能单元，出水中悬浮颗粒物的含量直接由 BDDM 的固液分离性能的好坏决定。试验过程中发现，当 BDDM 预涂结束后，出水中 SS 含量不能被检出，数值为 0。因此，试验过程中对出水浑浊度进行监测，代替 SS 含量分析。图 5-24 显示了 BDDM 设定通量为 $60L/(m^2 \cdot h)$ 时一个过滤运行周期中，BDDM 出水浑浊度随运行压力变化情况。试验期间，进水取回后存放在进水桶中，浑浊度为 176~178 NTU。从图 5-24 中可以看出，BDDM 出水浑浊度变化范围为 0.393~0.417 NTU，变化范围较小。可见 BDDM 具有良好的固液分离特性，过滤出水浑浊度很小，具有很好的浑浊度去除效果。

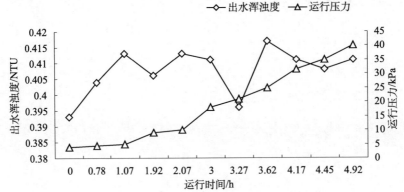

图 5-24 实例 1 中 BDDM 出水浑浊度随运行压力的变化情况

浑浊度是水对光的散射和吸收能力的量度，其数值大小与水中颗粒的数目、大小、折光率及入射光的波长有关（朱普霞，2004）。水中所存在的颗粒物质种类有很多，有黏土、淤泥、胶体颗粒、浮游生物及其他微生物等。BDDM 对浑浊度的去除作用主要靠其自身泥饼层对混合液中颗粒物的物理截留作用。根据 BDDM 形态分析可得，BDDM 泥饼具有一定厚度（2~3mm），对颗粒物具有截留作用；BDDM 泥饼中生物硅藻土颗粒结合紧密，使 BDDM 具有较高的过滤精度；不锈钢支撑网对 BDDM 泥饼会产生支撑作用，提高了 BDDM 强度，当运行压力上升时避免了 BDDM 泥饼开裂导致的颗粒物泄漏。

因动态膜生物反应器对于处理生活污水和微污染水操作条件有所不同，实例 5 中考察了动态膜对微污染水中污染物的去除效果。预涂完成后将 BDDM 组件小心从动态膜滤池中取出，之后放入装满原水的水池中检测 BDDM 单独作用对污染物的去除效果，整个过滤过程持续 90min，试验数据如图 5-25 所示。从图 5-25 中可以看出，BDDM 单独作用对所测污染物有较稳定的去除效果，对污染物 COD_{Mn}、UV_{254}、NH_3-N 和浊度的平均去除率为 7.2%、25.6%、8.7% 和 95.1%。所得结论与生活污水基本一致。

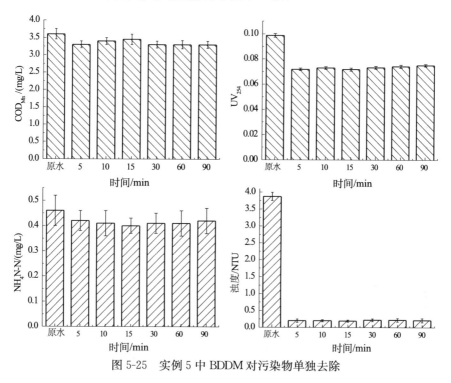

图 5-25　实例 5 中 BDDM 对污染物单独去除

实例 5 中同时对 BDDM 进水和出水中总细菌数和总大肠杆菌数及生物硅藻土混合液中总细菌数进行了分析，分析结果见表 5-3。进水首先被泵入反应器中第一个好氧池，与池中生物硅藻土混合液进行充分混合，经过设定停留时间后，经生物硅藻土混合液被 BDDM 过滤出水。反应器中生物硅藻土混合液中细菌浓度远高于进水中细菌浓度。因此，BDDM 对细菌的去除直接与生物硅藻土混合液和出水中细菌浓度有关。有报道称孔径大于 0.1 μm 的微滤膜可以通过孔径筛分作用有效去除细菌（Oh et al.，2007）。本研究中，颗粒去除归因于由生物硅藻土颗粒形成的 BDDM。虽然 BDDM 自身包含微生物物质，但是 BDDM 对细菌的去除效率很高（包括大肠杆菌），可能主要是因为 BDDM 的筛分截留作用。

表 5-3　BDDM 对细菌和大肠杆菌的去除

参数	进水	生物硅藻土混合液	出水
总细菌/（CFU/mL）	12300±2580	（3.1±0.2）E+07	202±16
总大肠杆菌/（CFU/mL）	238±26	—	2.3

5.3　动态膜去除污染物的机理分析

5.3.1　基于组分分离和分子量分布的分析

取进水、反应器中生物硅藻土混合液和 BDDM 出水，分别经 $0.45\mu m$ 过滤，滤后液分别采用凝胶色谱法分析其水中溶解性有机物分子量的分布，分析结果如图 5-26（见彩图 5）所示。

从图 5-26 中可以看到原水中有机物分子量分布的三个反应峰值分别为 80kDa、800～2500 Da 和 37 Da。图 5-27 显示了亲水性（HPI）、疏水性（HPO）和过渡亲水性（TPI）三种不同类型的有机物在进水中溶解性有机物三种不同分子量（<1 kDa、1～10 kDa、>10 kDa）中各自所占的比例。从图 5-27 中可以看出，亲水性有机物在进水各分子量溶解性有机物中占主要部分。因此，图 5-26 中三个反应峰主要代表了亲水性有机物。从图 5-27 反应器中生物硅藻土混合液光谱曲线可见，经过生物硅藻土混合液微生物降解处理后，第一个和第三个反应峰完全消失，且第二个反应峰峰值显著下降（约 40%）。同时，BDDM 出水光谱曲线中在分子量为 170Da 时出现一个新的反应峰。进一步比较反应器中生物硅藻土混合液和 BDDM 出水光谱曲线可以得出，两个光谱曲线在前段几乎重合，尤其在 800～2500 Da 段几乎完全重合，因此 BDDM 单独作用几乎不能去除 800～2500Da 处的反应峰，但可以有效去除分子量为 170Da 处约 60% 的有机物。以上实验结果表明：①分子量在 800～2500 Da 和 170 Da 处的溶解性有机物都能够透过 BDDM；②分子量在 800～2500 Da 的溶解性有机物在透过 BDDM 时不能被生物降解，而分子量在 170 Da 的溶解性有机物在透过 BDDM 时可以被附着在 BDDM 上的微生物部分降解。

5.3.2　动态膜成膜基质吸附的分析

1. 硅藻土吸附分析

实例 5 中采用烧结硅藻土污染物静态吸附试验分析硅藻土单独通过自身吸

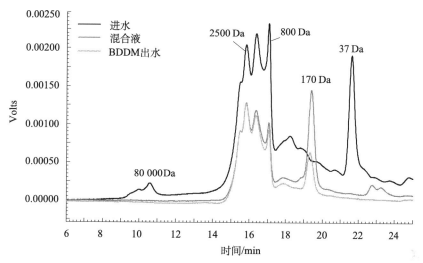

图 5-26 BDDMR 和 BDDM 对水中溶解性有机物分子量分布的去除

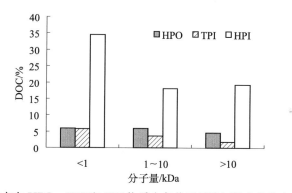

图 5-27 进水中 HPO、HPI 和 TPI 物质在各分子量溶解性有机物中所占比例

附作用对原水中污染物的去除作用，结果如图 5-28 所示。从图中可以看出，硅藻土在搅拌 30min 后对 COD_{Mn} 和 $NH_4^+ - N$ 达到吸附平衡，去除效率分别是 14.1% 和 14.4%。在高浓度硅藻土颗粒（20000 mg/L）作用下，硅藻土对 COD_{Mn} 和 $NH_4^+ - N$ 最高吸附去除量也分别仅为 0.8 mg/L 和 0.09 mg/L；当达到吸附平衡时，烧结硅藻土颗粒对 COD_{Mn} 和 $NH_4^+ - N$ 的吸附容量分别是 4.0×10^{-5} mgCOD_{Mn}/mg 硅藻土和 4.5×10^{-6} mg $NH_4^+ - N$/mg 硅藻土。

结果表明，试验用的烧结硅藻土对 COD_{Mn} 和 $NH_4^+ - N$ 的去除率很低。研究显示，硅藻土对污染物的吸附主要是物理吸附过程，与活性炭颗粒通过化学吸附过程去除污染物不同；同时，固体通过物理吸附过程对污染物的吸附比化

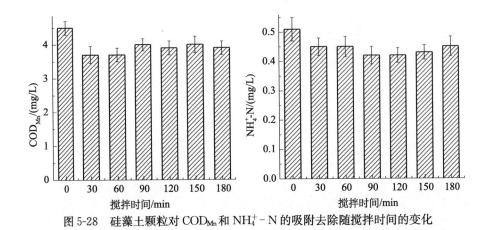

图 5-28　硅藻土颗粒对 COD_{Mn} 和 $NH_4^+ - N$ 的吸附去除随搅拌时间的变化

学吸附更容易解吸（Wu et al.，2002）。颗粒物理吸附过程通过范德华力，而化学吸附通过形成化学键来完成。

从微观来讲，过滤期间硅藻土与有机物之间时刻发生着由布朗运动控制的颗粒迁移与相互作用。硅藻土与污染物之间的吸附作用主要是由静电吸引力与范德华力共同作用引起的。硅藻土是一种非金属的硅质沉积岩，它主要由古代形体极小的单细胞硅藻类的遗骸所组成的。另外可以确定的是，硅藻土由近80％的硅藻质氧化硅和其他 20％的杂质组成，如 Al_2O_3、Fe_2O_3、MgO 等。表 5-4 显示了硅藻土中各种氧化物的等电点（ISEP）（Parks，1965）。从表中可以看出，除了 SiO_2 的等电点为 pH＝2.2，低于 7.0 以外，其他的金属氧化物的等电点均高于 7.0。因此需要指出的是，20％的无机氧化物在自然水体中的等电点均高于 7.0，它们表面均带有正电荷，这些硅藻土可以对水体中带有负电荷的颗粒进行吸附；其他 80％的硅藻土颗粒则是带负电荷的，在它们的 ζ 电位降至一定程度时，则可以吸附去除污染物。一些研究已经表明，溶解性有机物中的疏水性部分主要是一些腐殖酸部分，由于带有羧酸基团，故其是带有负电荷的有机物分子（Cho et al.，2000）。中性亲水性有机物主要是由一些大分子的聚多糖构成的，极性亲水性有机物则是包含蛋白质和氨基酸的有机物分子。在天然水环境中，这些亲水性有机物既可能是带有负电荷的，也可能是带有正电荷的；因此，带有负电荷的疏水性有机物以及亲水性有机物可被部分吸附到硅藻土上，这主要是由于他们之间的静电吸引力与范德华力作用的结果。

表 5-4　各种氧化物的等电点

Oxide	SiO$_2$	α-Al$_2$O$_3$	γ-Al$_2$O$_3$	α-Fe$_2$O$_3$	γ-Fe$_2$O$_3$	MgO
ISEP	2.2	7.0～9.0	8.0	8.4～9.0	6.7～8.0	12.1～12.7

2. 粉末活性炭吸附分析

粉末活性炭是黑色粉末状无定形碳，在交叉连接之间有细孔，由于其特殊的孔隙结构，堆积密度低，比表面积大，因此其具有良好的吸附性能。活性炭对废水中物质的吸附作用一个是与表面张力表面能变化有关的界面现象，另一个起作用的过程，是溶剂水对疏水物质的排斥力与固体对溶质的亲和吸引力的共同作用。

活性炭作为该动态膜系统中重要的预涂剂与微生物载体，在生化处理启动前期对污染物的吸附去除效果可以直观地表现其作为多孔吸附剂在动态膜系统中的动态吸附作用。

活性炭因其空隙形状、孔径大小分布、表面官能团分布及灰分组成、含量等性质的不同，而表现出不同的吸附特性。空隙分布会对其吸附容量产生很大的影响，是因为存在着分子筛选作用，一定尺寸的吸附质分子不能进入比其直径小的空隙，究竟能允许多大的分子进入，按照立体效应，大约是孔径的 1/2～1/10（立本英机等，2002）。而有机物的分子量大小与有机物分子的大小有一定的关系，分子量为 3000 的有机物分子在水溶液中的尺寸大概为 1.98nm，可被活性炭的二级微孔和中孔较好地吸附。吸附效率不高除了与微孔机构有关，还与活性炭表面性质有很大关系，所以一些研究者对活性炭进行改性以提高其对有机物的去除效果（刘成，2004）。刘成等（2006）对粉末活性炭吸附不同分子量的有机物进行了研究，结果表明粉末活性炭吸附主要去除分子量在 500～1000 和 1000～3000，去除率分别达 21.52％和 24.15％，对分子量小于 500 的有机物没有去除效果。

图 5-29 为实验用的粉末活性炭在烧杯吸附实验中对原污水进行吸附的各污染物的去除率情况。

5.3.3　混合液微生物总量及脱氢酶活性分析

BDDMR 启动运行 20d 时，系统对污染物的去除效率基本达到稳定。此时，取生物硅藻土混合液测试其在微污染地表水处理中，单位体积中的微生物总量和微生物 TTC-脱氢酶活性。生物硅藻土混合液中单位体积中微生物总量试验结果表明，生物硅藻土动态膜混合液中微生物 ATP 浓度为 2.40×10^{-5} gATP/L。根据 Profile-1 生物发光仪标准方法测定结果，ATP 浓度与菌落计

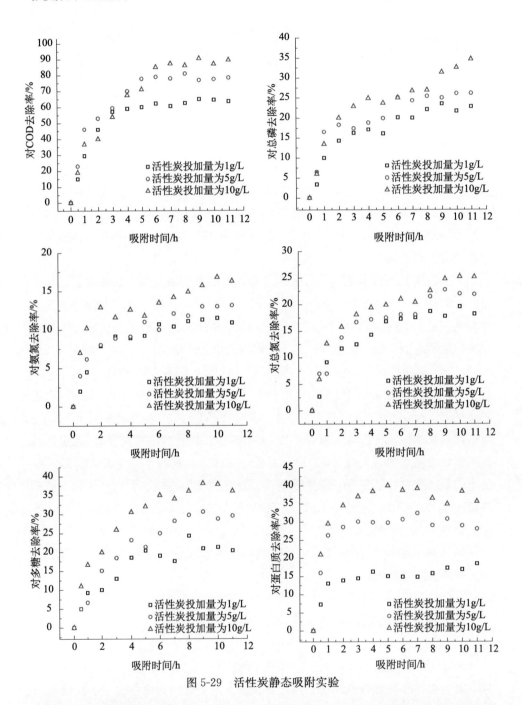

图 5-29　活性炭静态吸附实验

数结果之间的转化关系大致为 4.82×10^{-16} g ATP/个菌，可以得到生物硅藻土混合液中微生物菌落总数为 4.98×10^{10} CFU/L。

微生物对污染物的降解转化过程实质上是在酶的催化作用下进行的一系列

复杂生物化学过程，正是这些酶的作用，有机物的无机化才得以实现，脱氢酶就是其中最重要的酶之一，脱氢酶活性可以反映生物硅藻土混合液中活性微生物的量及对有机物的降解性能。因为在有机物的分解过程中，脱氢是生物氧化的重要环节，在脱氢酶的作用下，这一反应一经发生，TTC 便会立刻还原，发生显色反应生成 TF。单位体积样品在单位时间内产生的 TF 越多，说明TTC-脱氢酶活性越高。因此，可以通过检测生物硅藻土混合液中 TTC-脱氢酶活性来推断生物硅藻土混合液中微生物的生物活性。

根据试验检测的结果可得，生物硅藻土混合液的 TTC-脱氢酶活性为 $21.4\mu g/L$，表明生物硅藻土中的微生物具有较高的生物活性。

试验启动过程中，硅藻土体现的载体作用、表面微生物积累过程实际上就是硅藻土表面黏附的微生物不断繁殖发育、数量不断增加的过程。根据以上试验结果，生物硅藻土中微生物数量适中，但单位混合液中微生物脱氢酶活性较高，表明生物硅藻土上黏附的微生物活性很好。从前面 BDDMR 对污染物去除效果的分析，BDDMR 对有机物具有较高的去除效率，这也是生物硅藻土混合液中微生物脱氢酶活性较高的体现。

5.3.4　混合液微生物种群分析

通过 PCR-DGGE 技术分析生物硅藻土混合液中微生物种群结构识别去除污染物的微生物种类。图 5-30 显示了 BDDMR 运行过程中生物硅藻土混合液中 DGGE 图谱（a）和聚类分析（b），取样时间持续 7 个星期。根据 DGGE 凝胶成像图和聚类分析可以看出，取样周期内，各样品中微生物种群结构相似度较高，表明生物硅藻土混合液中微生物种群结构对原水相对稳定。本研究中，运行周期内生物硅藻土混合液中微生物种群相似度在 75%～93%。

一共对 36 条主要的 DGGE 条带做出鉴定，生物硅藻土混合液中微生物DGGE 条带的测序结果见表 5-5。图 5-30 中主要条带，如条带 2、4、7、11、12、16、18、21、27、33、35 和 36，微生物种类分别为 Bacteroidetes（拟杆菌门）、Firmicutes（厚壁菌门）、α-Proteobacteria（α-变形菌）、β-Proteobacteria（β-变形菌）、γ-Proteobacteria（γ-变形菌）、Verrucomicrobia（疣微菌门）和 Nitrospirae（硝化螺旋菌门）。其他种类微生物 Acidobacteria（酸杆菌门）、δ-Proteobacteria（δ-变形菌）、Cyanobacteria（蓝藻门）、Eukaryota（真核生物）、Prokaryote（原核生物）和一些不可培养的细菌微生物在生物硅藻土混合液中也被同时鉴定出来。

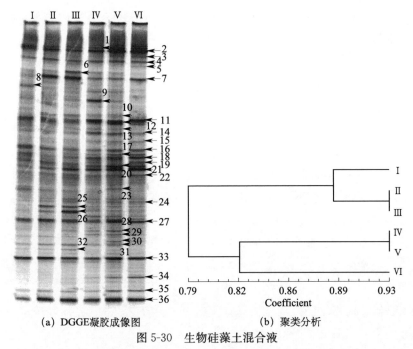

(a) DGGE凝胶成像图 (b) 聚类分析

图 5-30 生物硅藻土混合液

(Ⅰ、Ⅱ、Ⅲ、Ⅳ、Ⅴ和Ⅵ表示 BDDMR 培养成熟后生物硅藻土混合液样品，样品Ⅰ、Ⅱ、Ⅲ、Ⅳ、Ⅴ和Ⅵ之间的取样间隔时间分别是 1 星期、1 星期、2 星期、1 星期和 2 星期)

表 5-5 生物硅藻土混合液中微生物 DGGE 条带的测序结果

条带	登记号	GenBank 比对结果	最大相似度	菌种名
1	HQ658779.1	Uncultured *Rhodocyclaceae* bacterium clone hrb-118	100%	β-Proteobacteria
2	HM469543.1	Uncultured *Leptothrix* sp. clone J15-3		β-Proteobacteria
3	EF663875.1	Uncultured *Flavobacteriaceae* bacterium clone GASP-MA3W3_E11	98%	Bacteroidetes
4	EF073739.1	Uncultured *Firmicutes* bacterium clone GASP-WB1W3_A10	99%	Firmicutes
5	AB591406.1	Uncultured *alpha proteobacterium* gene for 16S rRNA, clone：Jy04A39	100%	α-Proteobacteria
6	HQ386606.1	Uncultured *cyanobacterium* clone LiUU-9-36	100%	Cyanobacteria
7	FN679257.1	Uncultured *gamma proteobacterium* partial 16S rRNA gene, clone OuchyA-27	97%	γ-Proteobacteria
8	AY509333.1	Uncultured *Bacteroidetes* bacterium clone LiUU-9-179	93%	Bacteroidetes
9	CU926719.1	Uncultured *Alphaproteobacteria* bacterium 16S rRNA gene from clone QEDN7BB11	98%	α-Proteobacteria
10	EF073739.1	Uncultured *Firmicutes* bacterium clone GASP-WB1W3_A10	100%	Firmicutes
11	HM534264.1	Uncultured *alpha proteobacterium* clone Pt_42（1）	99%	α-Proteobacteria
12	FJ483771.1	Uncultured *Nitrosospira* sp. isolate DGGE gel band C12 16S ribosomal RNA gene	95%	β-Proteobacteria

续表

条带	登记号	GenBank 比对结果	最大相似度	菌种名
13	DQ211474.2	Uncultured *gamma proteobacterium* clone nsc124	98%	γ-Proteobacteria
14	HM061929.1	Uncultured *Acidobacteria* bacterium clone KBS_T8_R2_149282_h6	97%	Acidobacteria
15	FN679220.1	Uncultured *Bacteroidetes* bacterium partial 16S rRNA gene，clone OuchyA-74	100%	Bacteroidetes
16	EF663410.1	Uncultured *Bacteroidetes* bacterium clone GASP-MA3S1_D04	96%	Bacteroidetes
17	FJ538118.1	Uncultured *Bdellovibrionales* bacterium clone MBT5	94%	δ-Proteobacteria
18	NR_028863.1	*Thiohalocapsa halophila* strain 4270	96%	γ-Proteobacteria
19	DQ676402.1	Uncultured *Acidobacteria* bacterium clone MVS-53	99%	Acidobacteria
20	DQ191824.1	Uncultured *Bacteroidales* bacterium clone KL441HWDN216	94%	Bacteroidetes
21	FR695905.1	Uncultured *Verrucomicrobia* bacterium partial 16S rRNA gene，clone BHL3-310I-3	92%	Verrucomicrobia
22	EU795970.1	Uncultured bacterium clone 88M13R	96%	Uncultured bacterium
23	CU918945.1	Uncultured *Betaproteobacteria* bacterium 16S rRNA gene from clone QEEA1BB04	100%	β-Proteobacteria
24	FJ933440.1	Uncultured *Alkanindiges* sp. clone REV_P1PII_1E	100%	γ-Proteobacteria
25	FJ204860.1	Uncultured *phototrophic eukaryote* clone ND2_CYA_3_10	95%	Eukaryota
26	HM217345.1	Uncultured *Acidaminobacter* sp. clone 18-00_Iron-B10	97%	Firmicutes
27	HQ198850.1	Uncultured *Nitrospira* sp. clone H3-R50	100%	Nitrospirae
28	HM062358.1	Uncultured *Acidobacteria* bacterium clone KBS_T1_R1_149276_e4	100%	Acidobacteria
29	GU934250.1	Uncultured bacterium clone AO2day01G-ARISA689	95%	Uncultured bacterium
30	GU257862.1	Uncultured *Hyphomicrobium* sp. clone bf2-74	99%	α-Proteobacteria
31	HM238157.1	Uncultured *alpha proteobacterium* clone BF_21	98%	α-Proteobacteria
32	FJ712871.1	Uncultured *Rhizobium* sp. clone Cvi51	96%	α-Proteobacteria
33	AB259563.1	Uncultured *Nitrospira* sp. gene for 16S rRNA，clone：Eb0639	98%	Nitrospirae
34	GU208317.1	Uncultured *prokaryote* clone Se4-11	91%	Prokaryote
35	HQ198849.1	Uncultured *Nitrospira* sp. clone H2-R50	99%	Nitrospirae
36	HQ198850.1	Uncultured *Nitrospira* sp. clone H3-R50	100%	Nitrospirae

　　实验结果表明，拟杆菌门、厚壁菌门、变形菌门（如 α-Proteobacteria、β-Proteobacteria、γ-Proteobacteria）、疣微菌门和硝化螺旋菌门等细菌是生物硅藻土混合液中的优势微生物种群。Proteobacteria（变形菌）在膜系统中的生物膜和进水中的普遍存在已经被大量证明（Lee and Kim，2011）。β-Proteobacterium（包括 uncultured *Leptothrix* sp.、uncultured *Betaproteobacteria* bacterium 和 uncultured *Rhodocyclaceae* bacterium）在 BDDMR 中被鉴定出来，它们对有机物降解和絮状物形成过程中起到了重要作用（Manz et al.，1994）。有研究报道称，隶属于 Firmicutes（厚壁菌门）的 uncultured *Firmicutes* bacterium 和 uncultured *Acidaminobacter* sp. 在有机物降解中起着重要作用（Ren et al.，2010a；Zhang et al.，2010a）。Uncultured *Flavobacteriaceae* bacterium 和 uncultured *Bacteroidetes* bacterium 都属于 Bacteroidete（拟杆菌门），其主要功能是碳的转化（Blumel et al.，2007）。Verrucomicrobia（疣微菌门）在 1997 年被首次发现（Hedlund et al.，1997），可以降解含碳有机物（Sangwan et al.，2004）。因此，BDDMR 中对 COD_{Mn} 和 DOC 等高去除率应该和生物硅藻土混合液中含有的丰富有机物降解微生物有关。

　　硝化细菌通过将氨氮转化为亚硝酸盐氮后再连续转化为硝酸盐氮的途径参与氮循环（Schramm et al.，2000）。由于硝化细菌生长缓慢，在与其他异养菌共存时处于劣势地位（Jiang et al.，2008）。本书研究中，微污染地表原水由于缺乏氮和有机碳，对于微生物生长来说处于贫营养水平。然而，uncultured *Nitrosospira* sp. 和 uncultured *Nitrospira* sp. 被清楚地检测出来了。也有研究表明，*Nitrospira* sp. 在低营养环境中是良好竞争者（Schramm et al.，1999）。*Nitrosospira* bacterium 可以将氨氮氧转化为亚硝酸盐氮，之后，通过 *Nitrospirae* bacterium 将亚硝酸盐氮氧转化为了硝酸盐氮（Burrell et al.，1999）。此外，uncultured α-Proteobacterium 和 uncultured *Rhizobium* sp. 也被发现可以氧化亚硝酸盐氮（Ma et al.，2008）。Uncultured *Hyphomicrobium* sp.，一种在好氧环境中具有反硝化作用的细菌在 BDDMR 中被检测出来（马鸣超等，2008）了。因此，硝酸盐氮在 BDDMR 中也被去除了一部分。

第6章

动态膜结构、膜污染及反冲洗

6.1 动态膜结构特征分析

6.1.1 动态膜形态

1. 污水处理中 BDDM 形态

实例1中在动态膜过滤结束后，将膜组件从反应器中取出，用采样刀片从支撑网上取动态膜滤饼，在载玻片上做成观察样本，用扫描电子显微镜进行形态观察。在样本制作过程中，尽量减少对动态膜表面和断面的扰动，从而尽量保持动态膜原有的形态和结构。BDDM 形态结构采用环境扫描电子显微镜（XL-30ESEM）进行观察。

对 BDDM 样品选取不同角度进行观察，包括动态膜表面（迎水面）、背面（与不锈钢支撑网贴合面）和断面。BDDM 样品不同角度的扫描电镜照片如图6-1 所示。

从图 6-1（a）中可以看出 BDDM 表面生物硅藻土颗粒沉积比较均匀，膜面平整。图 6-1（b）显示 BDDM 表面经放大 1000 倍时的情况，可以看出硅藻土颗粒杂乱无章地堆积在一起。从微观角度看，BDDM 表面并不平整，这和传统超滤或微滤膜光滑的表面不同；但出水 SS 结果表明 BDDM 表面颗粒不平整并不影响其对 SS 的截留效果。李俊等（2006）关于高岭土动态膜的研究也有类似结论：陶瓷管表面高岭土动态膜表面的略显不平整不影响处理效果。

从图 6-1（c）中可以看到 BDDM 厚度较均匀，一般在 2～3mm。BDDM 主体部分（图 6-1（d））一些生物硅藻土颗粒之间结合紧密。BDDM 与混合液固液分离的界面，即 BDDM 表层部分，是固液分离的首要部分。这是由于膜表层部分阻挡了混合液中生物硅藻土颗粒向动态膜内部的渗入；同时由于反应器中混合液的微弱错流作用，使沉积下来的大部分颗粒又重新回到混合液中。同时，部分透过表层部分的细小颗粒被 BDDM 主体截留。动态膜主体内颗粒结合均匀、紧密且具有一定厚度，保证了出水中几乎没有颗粒的泄漏。结合前

(a) 表面放大100倍   (b) 表面放大1000倍

(c) 断面放大100倍   (d) 断面近混合液侧放大500倍

(e) 背面放大100倍   (f) 背面放大1000倍

(g) 背面放大3000倍   (h) 断面近背面侧放大3000倍

图 6-1   BDDM 泥饼 ESEM 照片

面的分析，BDDM 由表层部分和主体部分构成，其结构示意图如图 6-2 所示。

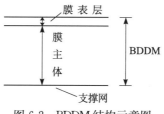

图 6-2　BDDM 结构示意图

不锈钢网的经纬线深嵌入动态膜中，在动态膜背面留下了印痕（图 6-1（e）、图 6-1（f））。硅藻土颗粒尺寸远小于不锈钢网孔的大小；硅藻土外部被微生物和微生物的胞外聚合物等物质包裹（图 6-1（g）、图 6-1（h）），使生物硅藻土颗粒之间互相粘结，结合在一起。在 BDDM 预涂初期，生物硅藻土颗粒在蠕动泵抽吸力的作用下透过支撑网，支撑网同时拦截生物硅藻土颗粒；沉积在支撑网表面的生物硅藻土颗粒通过架桥作用彼此联结（图 6-1（g）），形成动态膜。BDDM 形成后，BDDM 在过滤过程中一直受抽吸力作用，致使支撑网深嵌入 BDDM 中。支撑网对动态膜过滤精度没有贡献，只起支撑 BDDM 膜体、提高 BDDM 强度的作用。

从图 6-1（b）、图 6-1（g）和图 6-1（h）中还可以看出，BDDM 表面生物硅藻土颗粒结合较松散，而 BDDM 与支撑网结合的背面生物硅藻土混合液却结合地很紧密。这主要是因为 BDDM 表面会受反应器中混合液错流作用的冲刷且蠕动泵抽吸力对表面作用有限；BDDM 背面紧邻支撑体空腔，受蠕动泵抽吸力作用明显，结合紧密。这也可以用来解释前面 BDDM 中 VSS/SS 的变化规律：过滤过程中，BDDM 背面生物硅藻土结合紧密，过滤出水冲刷力不容易引起 BDDM 中微生物等剥落，使 BDDM 中 VSS/SS 在过滤运行过程中能保持稳定。

结合 4.2 节中 BDDM 运行动态膜过滤特性部分关于 BDDM 压缩型阻力的分析和以上 BDDM 形态的分析，笔者认为，BDDM 在过滤运行过程中具有自身独特的性质，即动态半可压缩性（dynamic semi-coercibility characteristic）。BDDM 动态半可压缩性定性描述如图 6-3 所示。硅藻土的化学成分主要是 SiO_2，莫氏硬度为 1～1.5，孔隙率达 80%～90%，因此硅藻土颗粒具有一定的机械强度。BDDM 中，硅藻土在其中占绝大部分，对动态膜起支撑作用，使 BDDM 具有不可压缩的特点。生物硅藻土是微生物以硅藻土颗粒为载体，形成以硅藻土颗粒为核心的菌落团；硅藻土菌落团通过微生物荚膜和表面黏液作用，形成大片硅藻土菌胶团。即硅藻土表面包裹着生物膜，并通过生物膜等有机物质粘结在一起（图 6-1（g）、图 6-1（h））。生物膜机械强度小、易变形、可压缩（Nakanishi et al.，1987；Hwang et al.，2001；Lu et al.，2001）。生物膜填充在硅藻土颗粒之间，使 BDDM 整体具有一定程度的可压缩性。综合上面 BDDM 的两种特性，即 BDDM 具有半可压缩性。在 BDDM 过滤前期，BDDM 运行压力低，过滤阻力增长，曲线斜率很小，过滤阻力增长缓慢，BDDM 基本无压缩（图 6-3（a））；随着过滤运行时间的延续，BDDM 运行压力增大，过滤阻力增长，曲线斜率突然变大，过滤阻力增加明显。这表明运行压力增大到一定程度之后，对 BDDM 产生的作用力克服了生物膜抵抗压力变化的限值，引起生物硅藻土表面生物膜压缩程度增大，生物硅藻土颗粒之间结合更加紧密，进而引起 BDDM 压缩程度增大（图 6-3（b））的情况发生。在过滤运行过程中，BDDM 的压缩性是变化的、逐步增大的，具有动态性。因此结合上面的分析得出，BDDM 在过滤运行过程中具有动态半可压缩性。

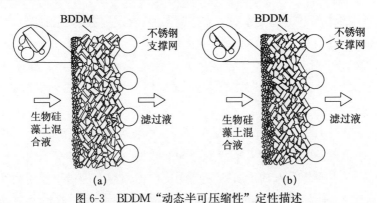

图 6-3　BDDM "动态半可压缩性" 定性描述

2. 微污染水处理中 BDDM 的形态

前边分析了 BDDM 在城镇生活污水处理中的形态特性，现就 BDDM 在处理微污染原水中形态与其在城镇生活污水处理中形态的异同点进行分析。

将过滤运行中的 BDDM 从反应器中取出，可以看到 BDDM 在支撑体表面预涂均匀，表面平整（图 6-4（a），见彩图 6）。用刀片从 BDDM 支撑体一角将 BDDM 从支撑体表面剥开（图 6-4（b）），可观察到 BDDM 厚度约为 2～3mm。将 BDDM 泥饼翻折后，其仍可以联结而不断裂，表明生物硅藻土颗粒依靠微生物及其胞外聚合物等物质的粘结作用牢固地联结在一起，BDDM 具有较好的联结强度。BDDM 自身较好的粘结强度、适宜的膜厚度和良好的透水性保证了优良的固液分离特性和过滤精度。从成膜的外观角度比较，BDDM 在处理微污染原水中的表面、厚度特征与其在城镇生活污水处理中的形态特征相似。在城镇污水处理试验中，由于城镇污水中污染物浓度较高且形成的生物硅藻土中微生物所占比例较高，生物硅藻土及形成的动态膜颜色要比本试验中动态膜的颜色深（图 6-4）。

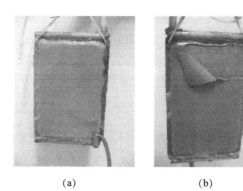

(a)　　　　　　　　　　(b)
图 6-4　微污染水处理中 BDDM 外部形态

将图 6-4（b）中翻折的部分 BDDM 取下干燥后，在扫描电镜下进行迎水面表面形态观察，观察照片如图 6-5 所示。

(a)　　　　　　　　　　(b)
图 6-5　微污染水处理中 BDDM 的外部形态

结合图 6-1 和图 6-5 可以看出，BDDM 在两种不同的处理环境下具有类似的形态特征。二者表面都较平整且生物硅藻土颗粒沉积均匀；硅藻土外部被微生物和微生物的胞外聚合物等物质包裹，使生物硅藻土颗粒之间互相粘结、结合在一起。

因为生物硅藻土形成机理及动态膜运行方式整体是相同的，使 BDDM 在生活污水处理和微污染地表水处理两种不同环境下具有相近的形态特性和污染物去除表现。

3. 生物强化活性炭动态膜形态

用刀片从动态膜支撑体上将生物强化活性炭动态膜从支撑体表面剥离，取下使之干燥做成观察样本，用扫描电子显微镜进行形态观察。试验对生物强化活性炭动态膜样品选取不同的角度进行观察，包括动态膜正面（迎水面）、反面（与不锈钢支撑网贴合面）和断面。生物强化活性炭动态膜不同角度样品的扫描电镜照片分别如图 6-6、图 6-7 和图 6-8 所示。样品制作过程中尽量减少对动态膜表面和断面的扰动，从而尽量保持动态膜原有的形态和结构。

从图 6-6（a）和图 6-6（b）可以看到，生物强化活性炭动态膜表面较平整且生物活性炭颗粒沉积均匀，表面生物活性炭颗粒结合较松散，活性炭颗粒杂乱排放，没有规律；活性炭外部被微生物和微生物的胞外聚合物等物质包裹，使生物活性炭颗粒之间互相粘结、结合在一起（图 6-6（c）和图 6-6（d））；同时，由于活性炭的多孔性，在活性炭孔道内部也粘附有大量的微生物体聚合体等物质（图 6-6（e）和图 6-6（f））。

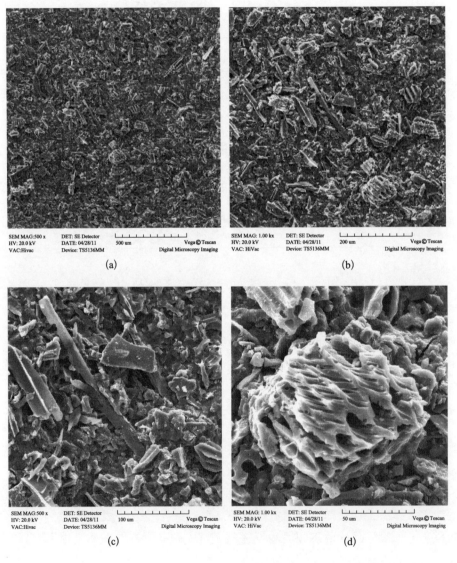

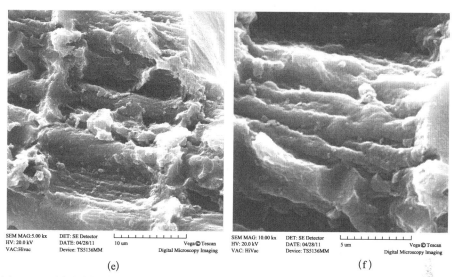

图 6-6　不同放大倍数下的生物强化活性炭动态膜泥饼正面（与混合液交界面）电镜照片

　　与生物强化活性炭动态膜表面沉积颗粒较松散的情况不同，生物强化活性炭动态膜反面（与不锈钢网贴合面的）表面沉积颗粒粘结紧密，表面平整，如图 6-7（a）和图 6-7（b）所示。动态膜迎水表面沉积颗粒会受反应器中混合液错流作用的冲刷，蠕动泵负压抽吸力对动态膜表面作用有限；生物强化活性炭动态膜背面紧邻支撑体空腔，受蠕动泵负压抽吸力作用明显，且支撑网金属丝也会对泥饼颗粒产生挤压，使泥饼颗粒结合紧密。从图 6-7（a）中还可以看到不锈钢支撑网金属丝在动态膜泥饼上留下的印痕。

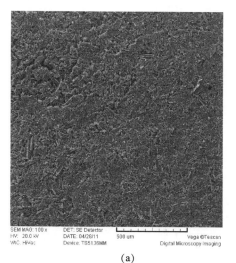

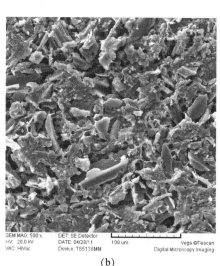

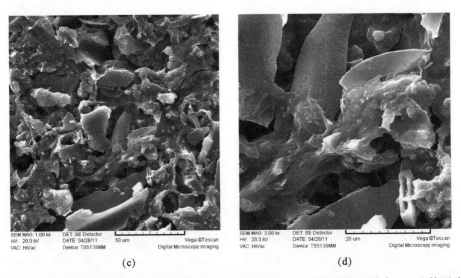

图 6-7　不同放大倍数下的生物强化活性炭动态膜泥饼反面（与不锈钢网贴合面）电镜照片

　　从图 6-8（a）中可以观察到，生物强化活性炭动态膜泥饼厚度约 2mm。生物强化活性炭动态膜泥饼折断后，动态膜泥饼生物活性炭颗粒依靠微生物及其胞外聚合物等物质的粘结作用仍可以牢固地联结在一起。生物强化活性炭动态膜主体内部颗粒间结合紧密，是动态膜固液分离的主要部分（图 6-8（b）、图 6-8（c））。活性炭外部被微生物和微生物的胞外聚合物等物质包裹，活性炭上粘附的微生物絮体等物质较多，也较好地保证了动态膜对污染物颗粒的有效截留去除。从图 6-8（d）中可以的清晰地看到活性炭颗粒上附着生长的微生物絮体。图 6-8（e）、图 6-8（f）中可以看出，活性炭粉末以一定顺序紧密排列，说明在泥饼层内部颗粒结构紧凑，粘附了较多的微生物。

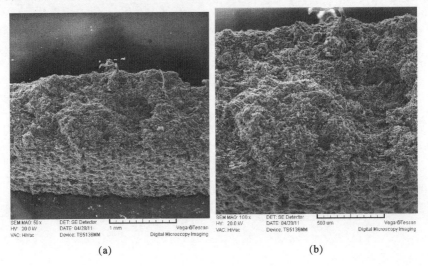

图 6-8　不同放大倍数下的生物强化活性炭动态膜泥饼断面电镜照片

6.1.2　动态膜泥饼的分层及粒径分析

　　泥饼层可定义为：由于吸附、沉降或累积各种污染物（如污泥、胞外聚合物、有机和无机颗粒等），且被膜截留形成的一层具有渗透过滤功能的滤料层（Lee et al.，2008）。很显然，动态膜表面截留的污染物来源于混合液中的活性污泥，在渗透吸引力和反向剪切力的双重作用下，沉积在膜组件表面形成了具有渗透性能的泥饼层。随着过滤时间的延长，泥饼层渗透性能下降，导致跨膜压差增大，膜污染速率加剧，最终导致运行周期的结束。泥饼层结构对于动态膜过滤效果的研究起着重要作用，因此对泥饼层结构进行详细深入的分析，掌握泥饼层结构特征信息对研究膜污染至关重要。

1. 泥饼的分层

实例2中从泥饼层本身入手，按泥饼厚度分为外、中、内三层。试验用的泥饼来源：当运行周期结束时，将膜组件轻轻地从反应器中取出，用薄塑料片将吸附在不锈钢网膜组件表面的泥饼轻轻地刮取下来。其泥饼层实物图和泥饼结构分层示意图如图6-9（见彩图7）所示。每层的泥饼厚度取2～4 mm，从图中可以看出外层泥饼比较松散、没有压缩性，主要是由凝胶类物质和松散污泥颗粒组成；而中层泥饼具有一定的压实性，用塑料薄片刮取时可以很明显地感觉到活性污泥呈块状粘结在一起；剩下的、紧贴在不锈钢网膜组件表面的污泥作为内层泥饼。

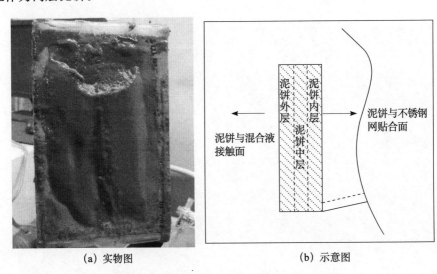

(a) 实物图　　　　　　　　　　　(b) 示意图

图6-9　泥饼层实物图和泥饼结构分层示意图

2. 泥饼分层的粒径分析

实例2中将一定体积的蒸馏水加入分层制得的泥饼样品中，用磁力搅拌器搅拌使污泥颗粒呈比较均匀的混合状悬浮液，各泥饼层的粒径统计分布如图6-10所示。

从图6-10中可以看出，泥饼外层、泥饼中层和泥饼内层的平均粒径分别为：11.54 μm、17.00 μm、29.76 μm。因此三个泥饼层的平均粒径大小排列顺序可表示为：泥饼外层＜泥饼中层＜泥饼内层。此外，从粒径大小的分布情况来看，泥饼内层的粒径分布范围最广，最小粒径仅为0.52 μm，而最大粒径达到了51.11 μm；泥饼中层次之；而泥饼外层的最大粒径仅为16.79 μm，远远小于泥饼内层和泥饼中层的最大粒径。若以粒径体积累积百分比含量来统计

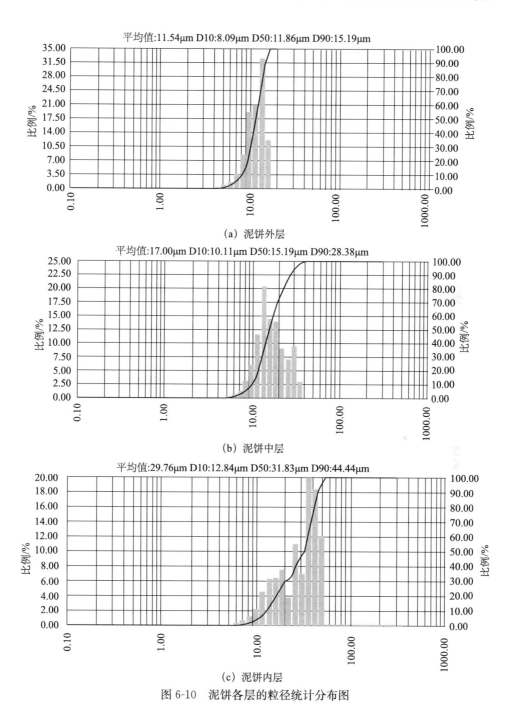

图 6-10　泥饼各层的粒径统计分布图

的话，泥饼外层粒径累积体积分数达到 90％时的粒径为 15.19 μm，仅相当于泥饼中层累积体积分数的 50％，而泥饼内层粒径累积体积分数为 50％时的粒径达到了 31.83 μm。因此从另一方面反应了泥饼内层的粒径比较大，可能是由于蠕动泵长期抽吸作用对泥饼的压实所造成的。而泥饼外层粒径比好氧池混合液粒径小，这主要是由于曝气引起的紊流作用导致活性污泥易于向膜面迁移而沉积在膜组件表面，造成了跨膜压差的增加，会引起膜污染。一般而言，膜污染所表现出来的跨膜压差增加，主要是由于混合液相中的污泥颗粒或絮体微生物堵塞膜孔，进而发展成为了一层很薄的凝胶层，在长期过滤运行下逐渐发展为了一层厚厚的泥饼层。其发展过程大致为：混合液相中的污泥颗粒或微生物絮体粒径远小于不锈钢网膜孔径（38 μm），在最初的过滤阶段，小颗粒污泥或絮体很容易进入膜内腔或堵塞膜孔，这也正是造成刚开始的预涂出水 SS 和浊度很大的原因。因此由小颗粒污泥或絮体导致的膜孔堵塞是引起预涂阶段膜污染的首要原因。随着过滤的运行，小污泥颗粒和絮体微生物也逐渐在膜面沉积，由微生物分泌的具有黏性的胞外聚合物通过吸附、架桥等作用团聚成较大颗粒在膜组件表面形成泥饼内层，这样就能防止小颗粒污泥和絮体微生物进一步进入膜孔，从而增强了其从膜面向混合液相转移的概率。另外，在曝气与搅拌的双重作用下，形成的大颗粒易于反向迁移至混合液相中，减轻了膜污染。正是由于吸附与解吸作用使得动态膜泥饼处于一种动态平衡状态，动态膜才能稳定运行，表现出良好的运行效果。而这种循环反复式的平衡运行状态，因泥饼层的逐渐增厚导致跨膜压差增加到 40kPa 时终止。这期间形成的泥饼层由外向内逐步被压实，使泥饼层孔隙率逐渐下降，成为了膜过滤阻力急剧增大的首要原因，膜污染速率也急剧加快。

6.2　动态膜组分及污染机理研究

6.2.1　动态膜泥饼层组分分析

1. EPS 含量分析

当实例 2 中反应器运行周期结束时，对制得的分层泥饼样品中加入 10 mL 去离子水，采用热提取法对分层泥饼进行胞外聚合物（包括蛋白质和多糖）的提取，用 0.45 μm 滤膜对提取的过滤后的上清液进行 EPS 含量、分子量分布和三维荧光等指标的分析。其中 EPS 含量以第 90d、第 130d 和第 155d 等三个时间点来考察其随泥饼厚度的变化情况，如图 6-11 所示。

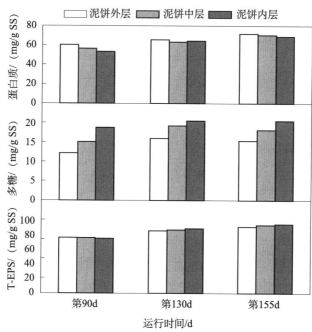

图 6-11 泥饼各层提取的胞外聚合物

从图 6-11 中可以看出，泥饼分层提取的胞外聚合物中，蛋白质是其主要成分；蛋白质含量随泥饼层由外至内逐渐递减，而多糖则表现出相反的趋势，但提取的总胞外聚合物（T-EPS）含量在三个泥饼层中的含量没有太大的变化。蛋白质与多糖含量的变化导致蛋白质/多糖的比值随泥饼厚度由外而内呈现出逐渐降低的趋势。相比于泥饼中层和泥饼内层，泥饼外层的蛋白质含量最大，且随运行时间其含量有所提高。可能的原因是由于泥饼外层长期直接接触于混合液相中，而混合液相中分散着较多具有黏性的松散性胞外聚合物，它易于粘附在污泥颗粒表面，将污泥颗粒包裹而形成一层具有水膜性的黏液层沉积在膜组件表面。Li 和 Yang（2007）指出这层具有水膜性的黏液层主要是由紧密型 EPS 组成，而蛋白质是其主要成分。Lee 等（2003）研究表明，由于蛋白质和多糖等本身物质的疏水性和表面电荷导致的污泥絮体对蛋白质类物质的亲和力大于多糖类物质。此外，泥饼各层提取的胞外聚合物中，蛋白质/多糖在泥饼外层中具有较高的比值，表明泥饼外层具有较高的黏性，且易于形成泥饼层。这也可以从分层泥饼的直观视觉来证实，相对于泥饼中层和泥饼内层来说，直接接触于混合液相的表层泥饼十分松散、呈黏稠状态。随着运行时间的增加，反应器内微生物的量增多，分泌的胞外聚合物在一定程度上也得到了提高。不管是泥饼外层，还是泥饼中层和泥饼内层，蛋白质和多糖的含量随运行时间都在逐渐增加。在一个运行周期内，动态膜组件表面的泥饼厚度可达 10 mm，在溶解氧不能透入的情况下，泥饼中层至泥饼内层区域会造成缺氧或厌氧环境，这样的微环境下势必促使细菌合成糖类物质来维持生命之需；同时外部能源物质向内部传输的能力被限制，泥饼内层的微生物在内源性环境下会导致细胞分解，释放多糖类物质。这也恰好可以解释在三次的取样测量中，泥饼内层的多糖含量是最高的。Drews 等（2007）认为多糖在细胞合成中扮演着重要角色，当微生物处于内源性呼吸条件时，合成的糖类物质作为能源物质被微生物争夺，由于缺乏竞争力而处于弱势的微生物群体必定会遭到淘汰、甚至死亡。因此导致泥饼内层的微生物活性较泥饼外层和泥饼中层的微生物活性低。

2. 分子量分布分析

采用凝胶过滤色谱法对提取的上清液进行分子量分布的测定，根据分子量的大小在洗脱柱上先后被洗脱，整个洗脱时间设定为 25 min，如图 6-12（a）所示。

从图中可以很明显地看出，泥饼各层的分子量出峰强度具有很大的差别。首先对于第一个峰位置，泥饼外层、泥饼中层和泥饼内层的出峰时间分别在 9.63 min、9.88 min 和 9.79 min，相对应的分子量分别约为 2791 kDa、2317 kDa 和 2465 kDa。同时从峰的相对强度来看，泥饼中层的峰强度最大，泥饼内层次之，泥饼外层峰强度最小。而对于第二个峰，泥饼外层的峰位置稍微向后偏移，出峰时间为 13.46 min，而泥饼中层和泥饼内层的出峰时间为 13.29 min；峰强度大小跟第一个峰的趋势一样，即泥饼中层＞泥饼内层＞泥饼外层。峰强度越大，说明所代表的这类分子量物质含量越多。从分子量分布图的前两个峰强度来看，泥饼中层含有的大分子（$Mw \approx 2317$ kDa）是最多的，泥饼内层居中，而泥饼外层的大分子物质含量（$Mw \approx 2791$ kDa）最少。造成这种现象的原因可能是，泥饼外层直接暴露于混合液相中，长期受到曝气引起的剪切力作用，必会将吸附于污泥颗粒间的由微生物分泌代谢产生的大分子物质剥离下来而扩散至混合液相中；随泥饼层由外至内厚度的增加，在泵的抽吸作用下泥饼层间的污泥颗粒逐渐被压实，孔隙率和渗透性能等都会随之下降，这就会导致处于泥饼中层的大分子物质很难迁移至泥饼内层或进入膜内腔而随出水流出。从峰强度得知，泥饼中层中高出泥饼内层的一部分大分子物质被截留下来了，这也是动态膜生物反应器具有较高截留效率的优点所在。此外，动态膜泥饼层的截留可以防止大分子物质透过泥饼内层进入膜孔而引起膜污染。大分子物质等被浓缩后返回生物反应器，避免了微生物的流失，同时还延长了大分子物质在反应器中的水力停留时间，加强了 DMBR 系统对难降解物质的去除效果。

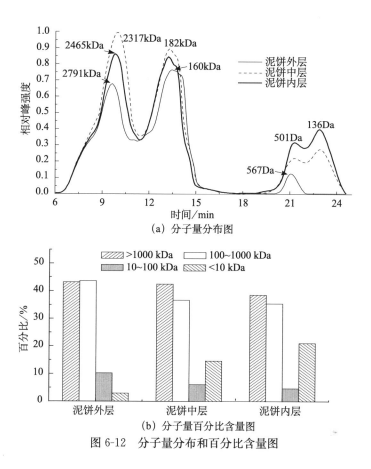

(a) 分子量分布图

(b) 分子量百分比含量图

图 6-12 分子量分布和百分比含量图

图 6-12（a）中泥饼各层的小分子峰也表现出了很大的差异，如泥饼外层只有一个峰（$Mw \approx 567$ Da），且峰强度仅为 0.12；而泥饼中层和泥饼内层都分别出现了两个峰，出峰时间和分子量大小分别为 21.21 min、22.96 min 和 501 Da、136 Da，泥饼内层两个峰强度较泥饼中层有所提高。造成泥饼外层小分子最少的原因可能是，由于混合液相中的污染物被微生物新陈代谢作用降解为小分子物质直接被吸收利用，同时小分子物质直径小，可以自由出入泥饼层而进入膜内腔；另外处于泥饼内层的微生物在内源性环境下会裂解释放糖类物质，代表这类糖类物质的小分子也有可能贡献一部分力量使泥饼内层小分子物质峰强度最大。

图 6-12（b）表示的是以分子量大小划分区间段来考察其分子量所占的百分比含量图。图中的三个分子量分布范围（＞1000 kDa、100～1000 kDa 和 10～100 kDa）的百分比含量变化从泥饼外层至泥饼内层表现出一致的趋势，即泥饼外层＞泥饼中层＞泥饼内层。这表明分成的三层泥饼对于大分子物质在

整体上起到了一个筛分的作用,从泥饼外层到泥饼中层阻留一部分大分子物质,对三个分子量分布范围(>1000 kDa、100~1000 kDa 和 10~100 kDa)的截留率分别为 0.67%、6.92% 和 4.11%,而泥饼内层对泥饼中层的大分子物质截留率分别为 3.88%、1.18% 和 1.38%,但相对于泥饼外层而言,其对大分子物质的截留率分别达到了 4.55%、8.1% 和 5.49%,这也充分证实了动态膜泥饼对大分子物质具有较好的截留效果。而对于小分子<10 kDa 来说,泥饼层却表现出与大分子截然相反的规律,这主要是归因于小分子物质本身直径小,在泥饼层中不受污泥颗粒间孔隙的影响,另外泥饼各层微生物活性作用的不同,会在不同程度上代谢掉一部分小分子物质,而导致泥饼各层的小分子含量不同。

3. 三维荧光分析

三维荧光光谱能够分析具有荧光性的蛋白类物质,从光谱图中可以得到由芳香类蛋白、色氨酸类蛋白、腐殖酸和色氨酸类蛋白等特征的化合物组成的荧光物质信息。泥饼各层提取的胞外聚合物的三维荧光光谱图如图 6-13(见彩图 8)所示,每个光谱图都给出了泥饼中活性污泥具有特定化学组成的荧光物质信息。

从光谱图中可以看出有三个主要的峰存在:第一个峰位置的激发/发射 Ex/Em 波长在 280~285/350 nm(峰 A),第二个峰位置的激发/发射波长在 355/450~455 nm(峰 B),第三个峰位置的激发/发射波长在 440/530~540 nm(峰 C);同时泥饼外层中峰 C 的强度远远低于泥饼中层和泥饼内层,具体峰强度值见表 6-1。泥饼中层和泥饼内层峰 C 强度的逐渐增加,表明代表峰 C 的腐殖酸类物质逐渐增多。相比于泥饼外层,泥饼中层和泥饼内层的峰 A 都红移了 5nm;而泥饼内层的峰 B 蓝移了 5nm,泥饼中层的峰 C 蓝移了 10nm。荧光光谱的蓝移是由于空间阻碍使共轭体系发生破坏导致最大吸收波长向着相对原来波长的短波方向移动,而红移则反之;可以粗略地认为,红移就是波长变长而蓝移是波长变短。Chen 等(2002)指出荧光光谱出现红移的原因是化合物中存在羰基取代基、羟基、烷氧基和羧基取代基等含氧官能团结构,而蓝移则表示 π 电子密度降低,如芳环数量或链状共轭键减少;或者是芳香性强的化合物被打碎成了小分子结构,具有线性的环状结构变成了非线性的;再者就是羰基、羧基、胺基官能团数量的减少。表 6-1 中泥饼中层和泥饼内层的峰 A 强度都比泥饼外层的低,但是降低的幅度不大,且出现了轻微的红移。这表明,代表峰 A 这类物质的可溶性微生物代谢产物随泥饼厚度的不同而含量不同,且泥饼中层和内层中较少部分物质被微生物代谢降解成具有含氧官能团结构的化合物。峰 B 和峰 C 的轻微蓝移也表明,从泥饼外层到泥饼内层的腐殖

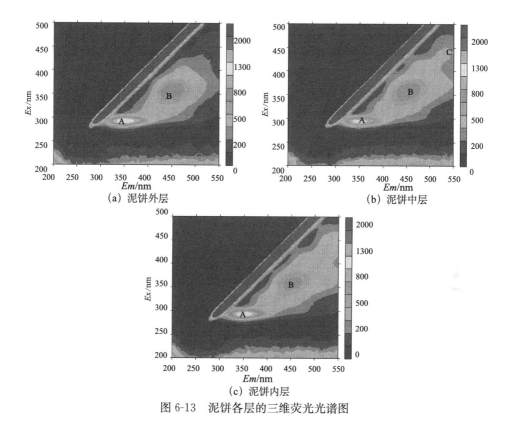

(a) 泥饼外层　　　　　　　　　　(b) 泥饼中层

(c) 泥饼内层

图 6-13　泥饼各层的三维荧光光谱图

酸类物质结构在一定程度下表现出了相异性，这主要归因于动态膜泥饼随厚度的增加造成各泥饼层下微生物环境的不同所致。

表 6-1　泥饼各层的三维荧光光谱峰位置及荧光强度分布表

项目	峰 A		峰 B		峰 C	
	Ex/Em /nm	强度	Ex/Em /nm	强度	Ex/Em /nm	强度
泥饼外层	280/350	1229	355/455	711.4	440/540	196.7
泥饼中层	285/350	1163	355/455	712.4	440/530	318.4
泥饼内层	285/350	1218	355/450	670.7	440/540	379.5

　　为了更好地了解泥饼各层提取的胞外聚合物的荧光特性，根据荧光区域一体化分区法（FRI）（Chen et al.，2003）将三维荧光光谱图分为五个区域（Region Ⅰ-Ⅴ），每个区域对应某一类有机质。峰位置在激发波长＜250 nm/发射波长＜350 nm 处属于芳香类蛋白质，比如色氨酸和酪氨酸等（Region Ⅰ和Ⅱ）；峰位置在激发波长为 250～280 nm/发射波长＜380 nm 处属于可溶性微生物代谢产物（Region Ⅳ）；峰位置在激发波长为 200～250 nm/发射波长＞380 nm 处属于富里酸类物质（Region Ⅲ）；而峰位置在激发波长＞280 nm/

发射波长＞380 nm 处属于腐殖酸类物质（Region Ⅴ）。从图 6-14 中可以看出 Region Ⅴ 占了很重的比例，其他四个区域所占百分比虽然很小，但泥饼各层中的相对比值还是有较大差异，如泥饼中层和泥饼内层的 Region Ⅰ、Ⅱ和Ⅳ都较泥饼外层小，而 Region Ⅲ 的趋势相反。泥饼各层区域比例的不同，表明蛋白质类物质的分布和组成也各不相同。Hong 等（Hong et al.，2007）指出蛋白质在微生物絮体形态、性质和功能等方面扮演着至关重要的作用，蛋白类物质组成的不同直接影响微生物在不同条件下所扮演的功能。Zhou 等（2008a）指出，在通量为 40 L/（m² · h）下的自生动态膜泥饼深度为 1.5～2.0 mm 处，溶解氧就被完全耗尽，且溶解氧随泥饼厚度由外向内逐渐降低。本研究中不锈钢网膜组件表面形成的动态膜泥饼层厚度可达 10 mm，从泥饼中层乃至贴近不锈钢网的泥饼内层会处于缺氧或厌氧状态，微生物会在这样的环境下以自身能源物质进行内源性呼吸，同时也会产生不同于好氧环境下的代谢产物。

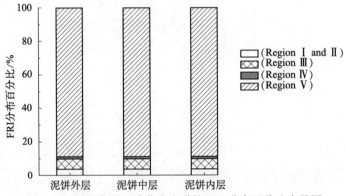

图 6-14　泥饼各层三维荧光光谱的 FRI 分布百分比含量图

4. CLSM 分析

当分子探针荧光染料结合特定的多糖类和蛋白类分子物质，在激光扫描共聚焦显微镜下就可以观察到具有荧光性质的分子物质。图 6-15（a）（见彩图 9）表示的是动态膜泥饼中两个通道共区域化的特定多糖和特定蛋白质分子物质。Lawrence 等（2003）指出这层生物膜包含丝状菌、单个细胞、小菌落及大量的胞外聚合物等。从图中可以清楚地看到绿色的丝状物最为突出，表明动态膜生物反应器运行后期，以丝状微生物为主；同时绿色较红色更为明显，说明胞外聚合物中蛋白类物质占主要成分，这也可以从泥饼层中提取的胞外聚合物含量图 6-11 中得到证实。此外，在更大放大倍数下对泥饼各层中的活性污泥进行 CLSM 分析，从泥饼外层到泥饼内层，一个很明显的趋势就是具有红色荧光性质的多糖类分子物质逐渐增多，整体的胞外聚合物含量也有类似的趋势。CLSM 的分析结果与泥饼分层提取的胞外聚合物含量分布相似，更进一步证实了泥饼内层的单位重量活性污泥 EPS 含量比泥饼外层的多，这可能是因为泥饼内层贴近不锈钢网处的泥饼处于有压力的环境，导致微生物能够分泌更多的胞外聚合物。

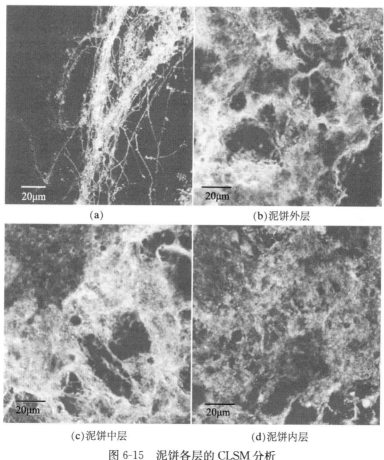

(a)　　　　　　　　　　　(b)泥饼外层

(c)泥饼中层　　　　　　　　　　(d)泥饼内层

图 6-15　泥饼各层的 CLSM 分析

(红色表示多糖，绿色表示蛋白质)

6.2.2　混合液 EPS 中蛋白水解氨基酸各组分分析

实例 3 中根据胞外聚合物水解氨基酸组分定量分析方法对生物活性炭动态膜反应器中进、出水提取出的混合液与动态膜泥饼 EPS 进行蛋白质盐酸水解预处理和水解样品的定量分析。构成蛋白质的氨基酸都是一类含有羧基并在与羧基相连的碳原子下连有氨基的有机化合物，是含有氨基的羧酸。生物体内的各种蛋白质都是由 20 种基本氨基酸构成的。除脯氨酸是一种 α-亚氨基酸外，

其余的都是 α-氨基酸，其结构通式如图 6-16（R 基为可变基团）所示。

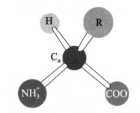

图 6-16　氨基酸结构示意图

氨基酸分析仪标样，选取各可测组分氨基酸 100nmol/mL 进样，测出峰时间与峰面积，绘制标准谱图（图 6-17），其中横坐标为出峰时间（min），纵坐标为峰强。图中上下两条谱线分别为 440nm 和 570nm 两个激发波长测试通道所得的峰形图。表 6-2 为生物强化活性炭动态膜反应器不同水解样氨基酸组分含量具体数值，将其中各部分绘于下面不同图中易于观察各组分含量变化。图 6-18～图 6-21 以表 6-2 中的数据为基础绘制，为生物强化活性炭动态膜反应器进水水解样品、缺氧混合液 EPS 水解样品、好氧混合液 EPS 水解样品和动态膜泥饼 EPS 水解样品中蛋白所得氨基酸组分测试谱图。图中出峰时间为 23.227min 时，出现了一个很高的糖类、胺类物质峰，水样非单一氨基酸组分，还含有原样品中一些碳水化合物和杂质导致的峰脱位。

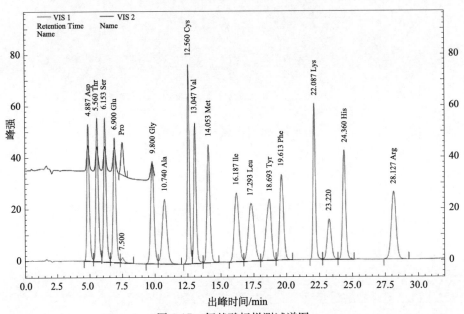

图 6-17　氨基酸标样测试谱图

表 6-2　各水解样氨基酸组分

名称		原水		缺氧混合液 TB-EPS		好氧混合液 TB-EPS		膜 TB-EPS	
		ESTD 浓度/(nmol/mL)	CalcMol/(ng/mL)	ESTD 浓度/(nmol/mL)	CalcMol/(ng/mL)	ESTD 浓度/(nmol/mL)	CalcMol/(ng/mL)	ESTD 浓度/(nmol/mL)	CalcMol/(ng/mL)
天冬氨酸	Asp	21.73	2892.3	244.463	32538.0	111.760	14875.3	455.08	60571.2
苏氨酸	Thr	13.912	1656.9	132.933	15832.3	62.457	7438.6	256.524	30552.2
丝氨酸	Ser	27.358	2875.3	128.821	13539.1	68.216	7169.5	273.272	28720.8
谷氨酸	Glu	30.833	4535.54	303.215	44602.9	140.205	20624.2	569.022	83703
甘氨酸	Gly	30.236	2270.7	222.048	16675.8	109.389	8215.1	391.07	29369.4
丙氨酸	Ala	20.285	1807.4	295.539	26332.5	146.764	13076.6	542.51	48337.6
半胱氨酸	Cys	1.836	441.3	6.384	1534.0	5.357	1287.3	13.43	3227.4
缬氨酸	Val	9.141	1070.5	140.369	16437.3	62.683	7340.2	179.034	20964.8
甲硫氨酸	Met	0.665	99.3	18.322	2733.6	20.383	3041.1	47.378	7069
异亮氨酸	Ile	6.6	865.9	81.502	10693.1	37.798	4959.1	97.228	12756.2
亮氨酸	Leu	12.801	1679.5	137.635	18057.8	61.558	8076.5	153.398	20125.8
酪氨酸	Tyr	0.00	0.00	0.000	0.00	0.00	0.00	18.64	3377.6
苯丙氨酸	Phe	11.815	1951.8	36.71	6064.4	21.632	3573.7	66.576	10978.6
赖氨酸	Lys	14.628	2138.7	116.839	17081.9	48.236	7052.1	89.458	13078.8
组氨酸	His	9.514	1476.5	19.160	2973.7	12.995	2016.9	25.814	4006.4
精氨酸	Arg	3.528	614.5	27.035	4709.5	14.855	2587.8	29.376	5117.2
脯氨酸	Pro	6.016	692.4	69.311	7977.7	32.464	3736.7	64.732	7450.6

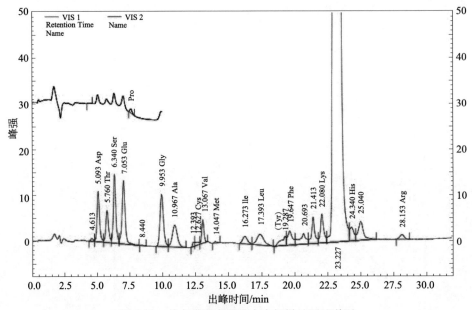

图 6-18　动态膜反应器进水水解样品测试谱图

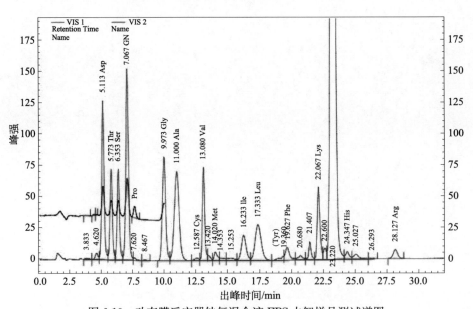

图 6-19　动态膜反应器缺氧混合液 EPS 水解样品测试谱图

　　从图 6-18 中的测试结果可以看出，以摩尔浓度为标准进行比较，反应器进水中所含蛋白质的氨基酸组成中谷氨酸（Glu）含量最高，甘氨酸（Gly）次之，甲硫氨酸（Met）的含量最低，没有检测出络氨酸（Tyr）。图 6-19～图 6-21 中的试验结

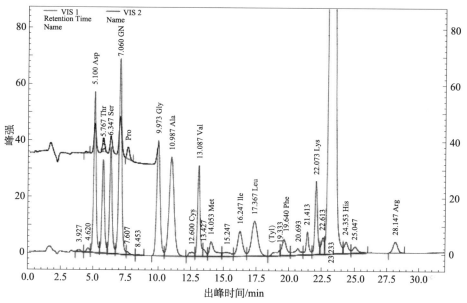

图 6-20　动态膜反应器好氧混合液 EPS 水解样品测试谱图

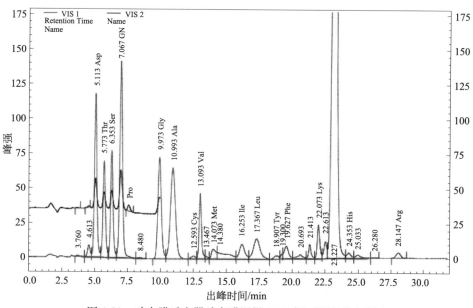

图 6-21　动态膜反应器动态膜泥饼 EPS 水解样品测试谱图

果表明，混合液及动态膜泥饼层的 EPS 提取物水解产物氨基酸组分中谷氨酸（Glu）含量最高，丙氨酸（Ala）次之，半胱氨酸含量最低（Cys）。在各反应区池体内混合液提取的 EPS 中未检测出络氨酸（Tyr），而在动态膜泥饼层提取的 EPS

水解产物中检测出了少量的络氨酸（Tyr），可能为膜面微生物产物，而按照氨基酸的结构划分，除了络氨酸为芳香族氨基酸外，都为脂肪族氨基酸。

多肽和氨基酸分子中既有极性基团如氨基、羟基，又有疏水基团如碳链，在不同溶液的物化条件下，可与膜发生疏水或静电吸附作用形成污染。将各水解样氨基酸组分含量按氨基酸性质进行分类，如图 6-22 所示。

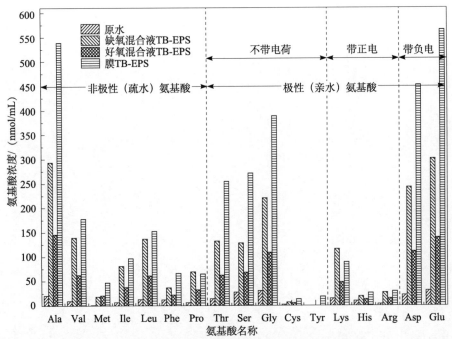

图 6-22　各水解样氨基酸组分含量按氨基酸性质分类图

图中可以看出，进水中氨基酸相对于混合液和膜面泥饼层提取的 EPS 中的氨基酸含量很小，说明系统内氨基酸、多肽的主要来源是反应系统内的微生物产物。实验结果表明，非极性疏水氨基酸中，丙氨酸（Ala）含量相对较高；极性氨基酸中，带负的酸性氨基酸和不带电荷的中性氨基酸含量较高而带正电的碱性氨基酸含量较低。从总量上分析，不同样品中极性氨基酸的数量要明显多于非极性氨基酸数量。

多肽和氨基酸导致膜污染的原因主要有浓差极化、疏水和静电吸附。随着分离过程的进行，被膜截留的分子或离子在膜表面附近的浓度逐渐升高，形成浓差极化层，导致膜的通量下降，溶质的截留率增大，膜的分离选择性降低。通过提高膜两端的压力可以暂时提高膜过滤通量，但随着时间的增加，一定时间以后，随着操作压力的提高，浓差极化现象加剧，在膜表面形成氨基酸或多肽吸附层，通量减小，截留率增大。大量研究表明盐与氨基酸或多肽的相互作用进一步形成了凝胶层，这种凝胶不易清洗，膜通量恢复程度不大，为不可逆膜污染过程（Millesime et al.，1994；Pouliot et al.，1999）。而且低压条件下膜表面形成的污染层要比高压操作时形成的污染层更难清除，膜通量也不易恢复（Kim and Fane，1995）。

Ehsani 等（1997）研究发现，当溶液的 pH 处于多肽和氨基酸分子等电点时，溶质的迁移率低，易聚集在膜表面，形成吸附层，造成膜污染。当溶液的 pH 远离多肽和氨基酸分子或膜的等电点时，若带相同的电性电荷具有排斥作用，迁移率增大，膜面不易形成吸附，膜污染的趋势降低；若带相反电性，由于静电吸引作用，易吸附在膜的内外表面，导致膜孔阻塞，造成更严重的膜污染。管萍等（2003）研究发现，在一定的溶液物化条件、离子强度和 pH 下，由于空间位阻效应和 Donnan 效应，多肽和氨基酸分子与膜表面和膜孔内表面都将发生静电或疏水吸附，导致膜孔堵塞、孔隙率下降，膜的有效面积降低，从而造成溶质截留率改变，膜通量下降，膜分离选择性降低等不可逆影响，即膜污染。

生物强化活性炭混合液 EPS 中蛋白质为主要组成部分，且蛋白质水解后亲水性氨基酸所占的比重较大。图 6-22 也表明，生物强化活性炭动态膜泥饼中各种氨基酸的含量明显高于原水、缺氧池和好氧池中的氨基酸含量。表明生物强化活性炭动态膜对各种氨基酸均具有一定的吸附截留作用；同时由于动态膜所截留的极性氨基酸总量较多，可能使形成的生物强化活性炭动态膜具有极性亲水的特性。

6.2.3　进出水及混合液三维荧光光谱分析

图 6-23 为动态膜反应器进出水三维荧光光谱等（浓度）高线图，其中 Y 轴为发射波长（Ex），X 轴为激发波长（Em）。

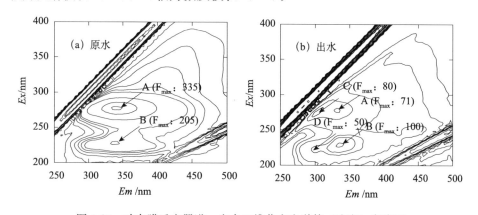

图 6-23　动态膜反应器进、出水三维荧光光谱等（浓度）高线图

表 6-3 3DEEM 光谱荧光区域的划分

区域划分	荧光组分	Ex/nm	Em/nm	备注
I	色氨酸，络氨酸类蛋白质	250~300	250~350	Em<300 络氨酸
II	色氨酸，络氨酸类氨基酸	220~250	250~350	Em>300 色氨酸
III	多聚糖	300~330	350~400	—
IV	疏水腐殖酸，多环芳烃类腐殖酸	250~300	350~470	—
V	UV Fulvic-like	200~250	350~460	—
VI	Visible Fulvic-like	300~370	400~460	—

由图 6-23（a）中可以看出，动态膜反应器进水的 EEM 光谱有两个主要的荧光峰 A 和 B，中心位置（Ex/Em）分别位于 275~280 / 340~350nm 及 225~230 / 335~340nm。根据表 6-3 总结的 3DEEM 光谱区域的划分，峰 A 为色氨酸类蛋白质荧光，峰 B 为色氨酸类氨基酸荧光。动态膜反应器进水的 EEM 光谱有两个主要的荧光峰 A 和 B，中心位置（Ex/Em）分别位于 275~280 / 340~350nm 及 225~230 / 335~340nm。根据表 6-3 总结的 3DEEM 光谱区域的划分，峰 A 为色氨酸类蛋白质荧光，峰 B 为色氨酸类氨基酸荧光。

动态膜反应器出水的 EEM 光谱（图 6-23（b））与进水相比，主要荧光特征峰 A、和峰 B 荧光强度（FI）发生了明显衰减，处理过程中峰 A，峰 B 的荧光强度去除率分别为 82.5% 和 67.2%。峰 A 的荧光强度去除率最大，因此荧光峰 A 常被认为与污水中易生物降解组分联系最紧密，这与 Reynolds（2002）的研究结果相类似。同时，Sheng 和 Yu（2006）认为峰 A 与峰 B 的荧光强度比值反映了蛋白质的结构组成，也可以作为污水的荧光特征之一，相关研究（唐书娟等，2009）发现含工业废水比例较大的城市污水峰 A 与峰 B 的荧光强度比约为 1.31，生活污水的峰 A 与峰 B 的荧光强度比约为 1.6。本实验中进水峰 A 与峰 B 的荧光强度比为 1.63，出水峰 A 与峰 B 的荧光强度比为 0.71，由此可见出水中难降解物质的比例明显增多。

从荧光峰 A、峰 B 中心位置看，与进水 3DEEM 相比，动态膜出水荧光峰 A 蓝移了 10~15nm，荧光峰 B 蓝移了 5nm。Coble、Swietlik 和 Uyguner 等（Coble，1996；Korshin et al.，1999；Świetlik et al.，2004；Świetlik and Sikorska，2004；Uyguner and Bekbolet，2005）人认为，蓝移与氧化作用导致的结构变化有关，如稠环芳烃分解为小分子，如 π 电子系统，芳香环和共轭基团数量的减少线环状结构变为非线性结构或特定功能的官能团如羰基、羟基和胺基的消失。

因此，在动态膜处理过程中，类蛋白质的共轭基团、芳香环等被分解为小分子，荧光特征峰发生蓝移，同时荧光强度也有较大程度的消减。

出水 3DEEM 谱图（图 6-23（b））中，与反应器进水相比，除了峰 A 和峰 B，还出现了两个特征峰：峰 C（Ex/Em：$275\sim280/305\sim310$），峰 D（Ex/Em：$220/300$），分别为络氨酸类蛋白质和络氨酸类氨基酸。图 6-23 可以看出这两种荧光特征峰所表征的物质不是反应器进水组分，通过与动态膜反应器各反应区混合液与泥饼层 EPS 三维荧光光谱等（浓度）高线图（图 6-24）对比并进行初步解析，不难发现其与混合液中 LB-EPS 及膜面泥饼层提取的 LB-EPS 有关，被认为是反应器内溶解性微生物的代谢产物。

根据动态膜反应器各反应区混合液与泥饼层 EPS 三维荧光光谱等（浓度）高线图（图 6-24）可以看出，荧光特征峰 A 在反应器内缺氧和好氧混合液提取的 LB-EPS 谱图中没有响应，而在 TB-EPS 中荧光强度与进水强度基本相同；膜面泥饼层提取的 EPS 组分中，LB-EPS 谱图中特征峰 A 的荧光强度较弱，低于进水，而 TB-EPS 则为进水荧光强度的 3.5 倍左右。由此可以看出，色氨酸类蛋白质在微生物细胞外粘附紧密，在水力冲刷作用下不易对其进行洗脱，同时与出水荧光强度的快速衰减表现了动态膜对该类物质良好的截留作用。此外，荧光特征峰 A 峰位置在进水、缺氧混合液 TB-EPS、好氧混合液 TB-EPS 及膜面泥饼层 EPS 中的变化趋势为：缺氧混合液 TB-EPS 中的响应峰位置比进水响应峰蓝移了 $5\sim15$nm；在进入好氧反应区时峰位置未发生移动；膜面泥饼层 EPS 响应峰相对于进水蓝移了 $10\sim20$nm，说明色氨酸类蛋白质在缺氧反应区及泥饼层被部分分解为了小分子物质，蛋白质结构发生了变化。一些研究表明（傅平青等，2005），峰 A 与胞外聚合物中的芳环氨基酸结构有关。

荧光特征峰 B 的位置在反应器内各反应区均未发生偏移，特征峰荧光强度保持稳定，出水特征峰荧光强度与缺氧反应区混合液 TB-EPS 中的荧光强度接近，认为原水中色氨酸类氨基酸组分主要是通过混合液微生物的吸附作用部分去除的。

荧光特征峰 C 在缺氧混合液 LB-EPS 谱图中首次出现了响应值，非原水组分，为络氨酸类蛋白质。该荧光峰仅在混合液及膜面泥饼层的 LB-EPS 荧光谱图中出现了，而在 TB-EPS 中无响应值。说明该类蛋白主要为溶解性微生物产物，且该类蛋白主要存在并吸附于混合液及膜面松散的胞外聚合物中。同时这也说明 LB-EPS 和 TB-EPS 分别位于污泥外层和内层的胞外聚合物，其组分结构与含量不尽相同。

荧光特征峰 D 在缺氧混合液 LB-EPS 谱图中首次出现了响应值，为络氨酸类氨基酸。相对于缺氧混合液 LB-EPS 中，峰 D 在缺氧混合液 TB-EPS 中，荧光强度略有增加，峰位置发生了轻微红移，已有研究表明红移与荧光基团中羰基、羧基、羟基和胺基的增加有关（Coble，1996；Świetlik and Sikorska，2004；Uyguner and Bekbolet，2005；李卫华等，2008），因此，络氨酸类氨基酸主要由微生物的新陈代谢过程生成。而好氧混合液 LB-EPS 中峰 D 荧光强度降低，且发生了明显的蓝移，在好氧段 TB-EPS 中峰 D 已无荧光响应，可以推断好氧段菌种、条件及工艺参数有利于该类氨基酸的降解作用。李卫华等（2008）也有相同发现，反应器中的微生物降解有机物，产生蛋白质释放到溶液中，后期进入内源呼吸阶段，外部溶液中的蛋白质又被微生物利用。

由混合液 EPS 荧光谱图中的四个主要峰可以看出，蛋白质在缺氧和好氧体系中有着不同的分布与组成。蛋白质又在微生物群落的结构、性质和功能等方面起着非常重要的作用（Baker，2001），不同的蛋白组分与微生物在缺氧、好氧体系中的不同功能有着紧密的联系。Hong（2007）也发现 MBR 系统中 EPS 中蛋白质的组成和含量会随着体系溶解氧的变化而变化。

除了 ABCD 几个主要的荧光特征峰，在反应器各反应区混合液 EPS 光谱中有以下荧光强度较弱的类腐殖质荧光特征峰出现。峰 E 为类可见腐殖质（Visible fulvic-acid），与胞外聚合物中的羧基和羰基结构有关（Mobed et al.，1996）。峰 F 为类紫外腐殖质（UV Visible fulvic - acid），由于腐殖酸 HS 中某些特殊结构部位和官能团在吸收入射光后有发出荧光的能力，据此可以对 HS 的性质和结构进行鉴定和分类。根据荧光强度可以看出，相对于类蛋白及类氨基酸物质，类腐殖质含量较低。峰 E 和峰 F 在进水荧光谱图中没有响应值，这间接说明可能是微生物降解有机物（蛋白质油脂、单糖、氨基酸）同时产生了次级代谢产物，生成了更复杂结构物质腐殖酸 HS，这于 HS 可能来源于微生物活动的理论是一致的（Claus et al.，1999）；此外出水荧光谱图没有响应的原因可能为：一是生物源腐殖酸类物质在过膜阶段能够被完全截留；二是微生物衰亡引起的，李卫华等（2008）研究发现，类腐殖酸浓度不变，可能是存在一些酶类，如维生素 B6 和 NADH，在好氧状态下其浓度基本不变，而类腐殖酸浓度先上升后下降主要是微生物衰亡所引起的；三是由于腐殖质容易与水中的金属离子络合，使得类腐殖质荧光容易发生焠灭（Senesi，1990）。

有机物分子越复杂，其激发光谱越向长波区域移动（Senesi et al.，1991）。芳构化程度高，不饱和键多，共轭程度高的 HS 在长波区域有较强吸收；反之则在低波区有强吸收。因此，反应器内腐殖酸多集中于长波长区，为微生物代谢产生的，芳香性较弱。

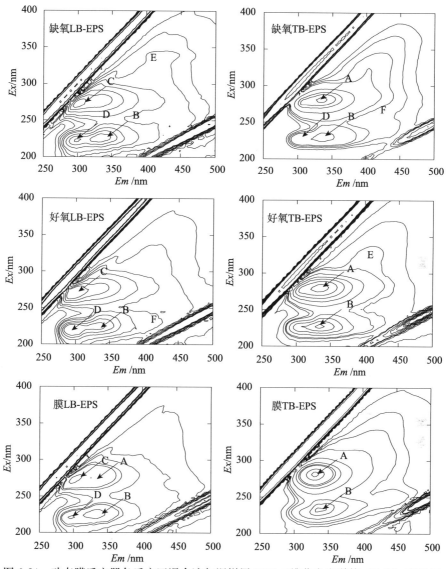

图 6-24 动态膜反应器各反应区混合液与泥饼层 EPS 三维荧光光谱等（浓度）高线图

6.2.4 动态膜组件污染分析

实例 2 中动态膜运行周期结束时，对动态膜组件的清洗并不能使通量恢复率达到 100%，因此，不锈钢网膜组件表面必定会残留一定污染物而阻碍通量的恢复。图 6-25（见彩图 10）为膜组件进行气冲后，对其进行拆分观察到的膜面污染情况。

从图中可以看出，里面不锈钢网支撑体网孔之间残留有一部分活性污泥颗粒，有些网孔完全被活性污泥堵塞，外面的不锈钢网膜上也残留有一部分活性污泥，主要是由于气冲的气流是由里向外穿透，内支撑网上一部分较松散的污泥被冲至膜上而被拦截所致。

图 6-25　膜组件气冲后的膜面污染情况

从图 6-26（a）中的不锈钢网膜中可以清楚地看到一部分活性污泥与不锈钢网膜牢固地结合在一起，0.1 MPa 气流完全不能将其冲下来，这也是造成气冲后膜通量恢复率比较低的主要原因。图 6-26（b）为与不锈钢网膜表面牢固结合交织在一起的活性污泥，其表面凹凸不平，还有一群大大小小的孔洞存在，其中大孔洞的直径约为 5 μm。活性污泥的孔洞在一定程度上决定了膜的孔隙率大小、渗透性能的高低和对大分子物质的截留效果等。图 6-26（c）、图 6-26（d）为膜组件进行 0.1 MPa 气冲 5 min 和 0.2％的 NaClO 浸泡 1 h 后的电镜照片。图中可以看出不锈钢网网格交叉处仍存在着少许活性污泥，它们能与不锈钢网丝紧密粘合，所采用的化学清洗并不能将其完全消除，形成膜的不可逆污染。Wang 等（2008）和 Meng 等（2007）指出造成的不可逆污染主要是由 Ca^{2+}、Mg^{2+}、Al^{3+} 和 Fe^{2+} 等无机离子引起的。这些在不锈钢网丝交叉处活性污泥中的微生物分泌的胞外聚合物络合无机粒子，以不锈钢网丝作为附着载体，牢固粘合于其表面上，不易被清洗掉。此外对不锈钢丝网交叉处活性污泥进行能谱分析，其结果如图 6-27 所示。C 和 O 两种元素所占比值高达 91.7％，无机金属元素的比例不足 8.3％，其中 Ca^{2+}、Mg^{2+}、Al^{3+} 和 Fe^{2+} 等无机离子的含量分别达到了 1.33%、0.49%、2.17%、1.12%等。表明膜组件表面的污染物绝大部分为有机污染物，而无机离子是微量的，但其对膜污染层的产生起着重要作用，它们通过吸附架桥等作用将膜过滤运行时的微生物细胞与胞外聚合物粘合形成一层致密的泥饼层，进而降低其过滤性能，导致膜污染。

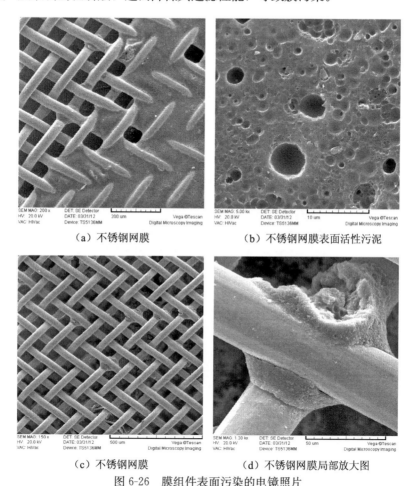

（a）不锈钢网膜　　　　　　　（b）不锈钢网膜表面活性污泥

（c）不锈钢网膜　　　　　　　（d）不锈钢网膜局部放大图

图 6-26　膜组件表面污染的电镜照片

此外，还对不锈钢网膜孔处的污泥进行红外分析，其红外光谱图如图 6-28 所示。从图中可以很明显地看出在波长为 3415 cm^{-1} 处有个很大的吸收峰，主要是由 O-H 结合的伸缩振动引起；2927 cm^{-1} 处存在 C-H 结合的吸收峰；1652 cm^{-1} 和 1541 cm^{-1} 属于蛋白质的酰胺 I 带和酰胺 II 带的吸收峰；1080 cm^{-1} 处有个较宽的吸收峰，表明有多糖或多糖类物质存在（Lin et al.，2009；Gao et al.，2011a）。因此，多糖类物质和蛋白质类物质是 DMBR 泥饼层中的主要有机污染物。从红外光谱图中还可以看出 1456 cm^{-1} 和 1384 cm^{-1} 处可能存

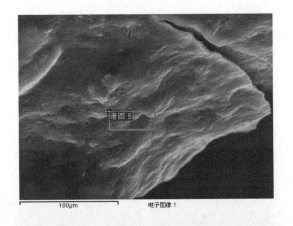

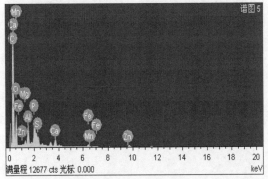

图 6-27　化学清洗后不锈钢网丝交叉处残留活性污泥能谱分析

在甲基、亚甲基的 C-H 不对称和对称伸缩振动 (Gao et al.，2011a)；1253 cm^{-1} 可能是官能团 C-O 的结合；指纹区在 532 cm^{-1} 和 475 cm^{-1} 处也出现了吸收峰，可能是活性污泥中含有某种矿物质元素所致。

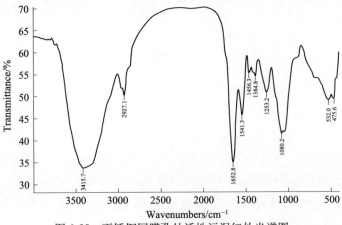

图 6-28　不锈钢网膜孔处活性污泥红外光谱图

6.3　动态膜反冲洗效果研究

6.3.1　空气反冲洗

1. 空气反冲洗机理

随着过滤时间的延长，BDDM 过滤阻力增大，出水通量下降。当运行压力上升到 40kPa 时，停止 BDDM 过滤出水，对其进行反冲洗。传统膜生物反应器反冲洗方式有水反冲、气反冲、化学药剂清洗等。这些方式都具有各自的优势。综合 BDDM 自身特性，并结合多次探索性试验后确定，本试验中对 BDDM 采用空气进行反冲洗的方式。空气反冲洗主要具有以下特点：①和水反冲洗相比，空气更容易透过支撑网空隙；②压力损失较小；③更有利于动态膜的剥落；④可以简化操作程序，减少能耗；⑤提高 BDDM 的回收率。

BDDM 采用空气在线反冲洗。空气从支撑网组件底部的出水口进入，由支撑网组件内部向外进行反冲洗操作。BDDM 在整个过滤运行过程中组件空腔内一直充满经 BDDM 过滤后的待出水。当反冲洗空气从 BDDM 组件下部进水口进入组件空腔后，首先会直接对组件空腔内的 BDDM 滤后水产生压力；压力波经空腔内的滤后水向 BDDM 组件和支撑网传播，对 BDDM 组件和支撑网传播产生压力，进而对粘附在支撑网表面的 BDDM 产生反向作用力，引起 BDDM 的剥落；当从而达到 BDDM 动态膜组件反冲洗的目的。

为研究反冲洗空气在 BDDM 组件内的流动规律，试验设计了另一反冲洗验证装置，为便于反冲洗时观察反冲洗过程及反冲洗效果，该装置采用透明有机玻璃加工而成，如图 6-29 所示。图 6-29 中圆形动态膜支撑体有效面积为 $0.019m^2$，筒高 1m，直径 12cm，进水口高度 0.8m，溢流口高度 0.9m，过滤筒上设置反冲洗口和出水口。

试验采用两种空气反冲洗验证模式：① 预涂混合液装入 A 部分，从 B 部分出水口经蠕动泵循环至 A 部分，预涂完成后将 A 部分混合液从放空口排出。反冲进气时，装置 A 部分柱体内无液体，反冲洗空气从 B 部分进气口进入；② 预涂混合液装入 A 部分，从 B 部分出水口经蠕动泵循环至 A 部分，预涂完成后 A 部分混合液不排出装置。反冲进气时，装置 A 部分柱体内液体至进水口，反冲洗空气从 B 部分进气口进入。两种验证试验装置 B 部分均充满水，

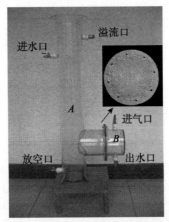

图 6-29　空气反冲洗作用规律试验装置

且均采用相同的低压空气反冲洗（反冲洗压力 10kPa，反冲洗气量 18.58L/（m²·s））方式。图 6-30 中的照片显示了两种反冲洗验证模式下的反冲洗效果。

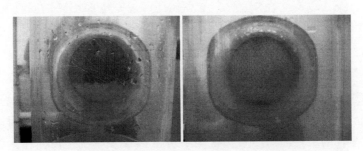

(a) 模式1　　　　　　　　　(b) 模式2
图 6-30　空气反冲洗作用规律试验装置

　　采用模式 1 进行空气反冲洗时，在反冲进气的作用下，装置 B 部分水受挤压从下部开始对圆形动态膜产生反冲作用力，引起下部动态膜被剥落下来（图 6-30（a）），同时 B 部分所装的水从动态膜剥落的不锈钢支撑网网孔中流出；当 B 部分水被反冲洗空气挤压排空后，单纯连续的反冲洗空气不能使残留在支撑网上部的动态膜脱落。采用模式 2 进行空气反冲洗时，由于 A 部分装满水，对圆形动态膜会产生一定的水压力，且对动态膜底部产生的水压力大于动态膜顶部的水压力；装置 B 部分水同样会在反冲进气的作用下产生压缩，对动态膜产生反向作用力；但并不能像模式 1 那样明显从圆形支撑体底部开始引起动态膜剥落，而是从中上部开始引起动态膜整体剥落，反冲洗效果明显好于模式 1（图 6-30（b））。

根据以上两种不同的试验结果可以分析得出，在反冲洗时，反冲洗空气产生的压力会引起 B 部分中的水产生压缩，进而作用于动态膜，即反冲洗空气的反冲洗压力是通过 B 部分现存水体传递给动态膜的。图 6-31 分析了两种模式下动态膜两侧的受力情况。假设动态膜在支撑网表面各方向的粘附力 $P_{膜粘附力}$ 相同（不在图 6-31 中标出）且反冲洗空气通过 B 部分水体对动态膜沿纵向产生的压力（$P_{气}$）是相同的。

采用模式 1 反冲时，根据图 6-31（a）可知，动态膜左侧没有压力（不考虑大气压），动态膜右侧压力由水压力（$P_{B水}$）和反冲洗空气压力（$P_{气}$）两部分组成，且动态膜下部受力大，因此反冲洗首先会克服动态膜的粘附力而引起动态膜底部脱落。当 B 部分中水体通过动态膜下部被排出时，反冲洗空气通过阻力较小的下部支撑网透过，而不能引起上部残留的动态膜进一步脱落，即单纯持续进气并不能引起动态膜的进一步脱落（图 6-30（a））。

根据图 6-31（b）可得，由于存在 A 部分水体对动态膜左侧产生的压力（$P_{A水}$），具有产生对抗动态膜左侧所受压力 $P_{B水}+P_{气}$ 的作用。根据水力学原理得

$$P_{A水}=P_h+P_{B水} \tag{6-1}$$

当 $P_{气} > P_h+P_{膜粘附力}$ 时，会引起动态膜的脱落。且反冲洗空气从上部进入 B 部分，产生的反冲洗气压由上向下传播，会首先引起动态膜上部脱落。试验也发现在此模式下反冲时，动态膜中上部首先开始脱落。由于动态膜两侧压力的相互作用，引起了动态膜整个表面产生振荡，从而能够引起动态膜整体脱落，提高反冲洗效果。因此，反冲洗空气通过动态膜两侧的水体才能产生较好的动态膜反冲洗效果。

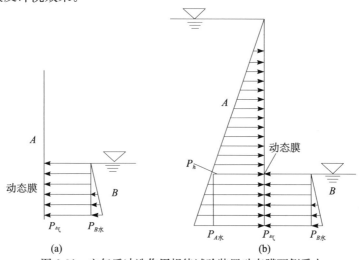

图 6-31　空气反冲洗作用规律试验装置动态膜两侧受力

2. 空气反冲洗效果

1) 低压空气反冲洗

实例 1 中 BDDM 过滤过程中真空表压力上升到 40kPa 时，采用 ACO-006 小型空气压缩机对 BDDM 进行周期反冲洗，反冲洗气从 BDDM 组件下出水口进入。此外，为了选择反冲洗参数，对 BDDM 运行到某一具体运行压力时进行反冲，验证反冲洗效果。

表 6-4 列举了不同工况下的反冲洗效果。图 6-32 为表 6-4 中（1）、（2）两种工况下反冲洗后支撑网的表面状况。

表 6-4　不同工况下 BDDM 反冲洗

设定通量 /(L/ (m² · h))	过滤时间 /h	运行压力 /kPa	反冲空气通量 /(L/ (m² · s))	反冲空气压强 /kPa	反冲时间 /min	滤饼残留 /%
22	48	40	18.58	10	3	30 (1)
30	15	15	18.58	10	1.5	20
40	9.3	20	18.58	10	2	0 (2)
40	9.1	20	18.58	5	4	30
40	9	20	25	5	4	20
50	7.45	40	18.58	10	2	0
80	3.05	40	18.58	10	2	0
100	1.55	40	18.58	10	2	0

空气反冲洗实验结果表明，BDDM 空气反冲洗效果的好坏与三个因素有关：过滤运行时间、反冲洗空气压强和反冲洗气量。其中运行压力变化是过滤运行时间的函数，因此只算一个影响因素。

从表 6-4 可以看出，在相同反冲洗空气压强和反冲洗气量作用下，BDDM 过滤运行时间越长、期末运行压力越大，导致 BDDM 反冲洗效果越差。1 组的冲洗效果较差。尽管冲洗时间较长，反冲洗后，仍有 30% 左右的支撑网表面未冲洗干净（图 6-32（a）），网上仍残留生物硅藻土。2 组反冲洗效果较好。尽管反冲时间较短，但冲洗后支撑网表面基本未残留生物硅藻土（图 6-32（b））。以上结果主要是与 BDDM 和支撑网相接处的微生物繁殖和粘连有关。BDDM 与支撑网表面直接结合，虽然动态膜出水中可供微生物利用的有机物很少，但结合表面仍会滋生微生物，从而造成膜-网之间的粘连。从前面 BDDM 形态分析也可以看出 BDDM 与支撑网通过微生物等物质粘连在一起。采用较小设定通量、较长过滤时间，就给了微生物繁殖时间，形成膜-网粘连的情况。如果采用较大设定通量，较短过滤时间，一方面大通量本身对支撑网有擦洗作用，另一方面在两次冲洗之间过滤时间短，微生物繁殖的可能性就小。因而，膜-网粘连的可能性也小。同时，如果经过 BDDM 较长时间的过滤，运行压力较大，引起 BDDM 压缩程度增大，加剧了 BDDM 与支撑网的粘连。

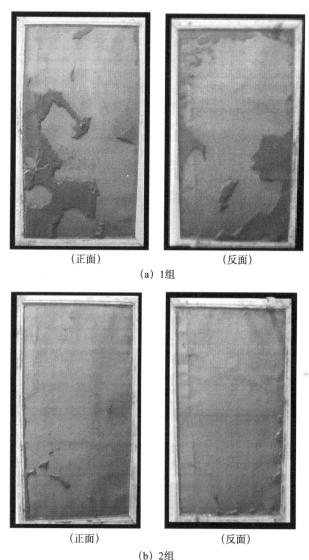

（正面）　　　　　　　　（反面）

(a) 1组

（正面）　　　　　　　　（反面）

(b) 2组

图 6-32　BDDM 反冲洗后支撑体表面残留滤饼层状况

反冲洗时，BDDM 设定通量的大小并不是影响反冲洗效果的重要因素，其影响最终通过 BDDM 过滤运行时间的长短来显现。试验结果也表明，尽管 BDDM 采用较大设定通量运行，但由于达到运行周期末的整个运行周期较短，所以仍然可以获得较好的反冲洗效果；如果 BDDM 采用较小的设定通量运行，达到过滤终点时运行时间较长，反冲洗效果较差。

　　反冲洗空气必须要达到一定压力和通量时才能获得较好的 BBDM 反向冲洗效果。表 6-4 表明，当 BDDM 设定通量均采用 40L/（m² · h）时，过滤周期运行压力控制在 20kPa，运行时间为 9～9.3h，采用较大反冲洗进气压强时反冲洗效果明显好于采用较小反冲洗进气压强时的反冲洗效果。同时实验结果还表明，均采用较小反冲洗进气压强（5kPa）时，增大进气量有利于提高 BDDM 的反冲洗效果，但提高反冲洗进气压强会比增加反冲洗进气量更有利于提高 BDDM 的反冲洗效果。因为反冲洗压强越大，对 BDDM 产生的反向剥落力越大。图 6-33 显示了 BDDM 反冲洗时内外两侧的受力情况。实际运行空气反冲时 BDDM 所受的作用力与前面反冲洗机理验证试验中动态膜所受的作用力相近，二者的主要区别是实际反冲洗试验中反冲洗空气从组件下部的进水口进入组件，对组件空腔中充满的 BDDM 滤后水产生推动力。在试验中可以观察到，当反冲洗效果较好时，BDDM 支撑网两侧的动态膜同时从支撑网上整体剥落。表明这种矩形动态膜支撑体结构具有较好的结构特性，能较好地满足应用要求。

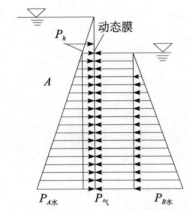

图 6-33　BDDM 空气反冲洗动态膜的受力情况

　　传统膜生物反应器反冲洗工艺复杂，需要较高的操作条件，且膜污染经反冲洗后难恢复。BDDM 反冲洗工艺简单，只需较低的反冲洗压力就可以达到较好的反冲洗效果，表明 BDDM 反应器与传统膜生物反应器相比在反冲洗方面具有较明显的操作优势。

　　综合以上空气反冲洗试验结果可以得出，BDDM 过滤运行过程中如果膜-网粘连情况产生，空气反冲洗效果将受较大影响，从而造成下个运行周期内过滤不均匀和下一个冲洗阶段反冲洗不均匀，进而造成恶性循环，膜-网粘连面积也会扩大。因此，BDDM 过滤运行过程需要采取合适的设定通量和过滤运行时间来保证较好的空气反冲洗效果，恢复膜污染。BDDM 过滤运行时采用较大设定通量和较短运行周期，有利于动态膜反冲洗效果。根据试验结果，在 BDDM 过滤运行时，选取较大设定通量，较短过滤运行时间，采用低压空气反冲洗（10kPa），反冲洗时间 2～3min 能够获得较好的反冲洗效果。

实例 3 中采用较高压、短时、小气量的空气反冲洗方式，即脉冲空气反冲洗方式。本部分主要研究在脉冲空气作用下的生物强化活性炭动态膜反冲洗特性。实验除空气反冲洗外没有进行任何物理化学清洗，简化操作程序并减少能耗和运行费用。粉末活性炭的投加增加了混合液在膜表面的压缩强度，同时降低了黏度，更易于反洗。

反冲洗空气从支撑网组件底部出水口进入，由支撑网组件内部向外进行反冲洗操作。试验共采用两种不同压力的反冲洗空气进行生物强化活性炭动态膜的反冲洗试验，生物强化活性炭动态膜过滤运行时间为 30h，反冲洗时间均为10s。反冲洗试验照片如图 6-34（见彩图 11）所示。

图 6-34 反映了不同空气压力下对膜面泥饼层污染物的反冲洗效果。6kPa反冲洗（图 6-34（a））时大部分泥饼层脱落，但仍存在部分粘结紧密部分未被冲刷干净；当压力上升到 10kPa（图 6-34（b））反冲洗时，反冲洗效果好，膜面泥饼层完整剥落，动态膜不需进行后续处理即可进入下一周期的使用。

(a) 6kPa反冲洗效果图　　　　　　　(b) 10kPa反冲洗效果图

图 6-34　空气泵反冲洗动态膜表面形态

在过滤运行过程中，动态膜组件支撑体内部一直充满滤后水，空气反冲洗作用时，反冲洗空气会瞬间作用于动态膜支撑体组件空腔内的滤后水，对粘附在不锈钢支撑网表面的生物强化活性炭动态膜产生反向剥离作用力，引起生物强化活性炭动态膜泥饼整体脱落。生物强化活性炭动态膜泥饼颗粒之间粘结性好，这也有利于反冲时泥饼整体脱落，避免反冲洗时因泥饼强度不好而呈现局部脱落，从而保证较好的反冲洗效果。

　　试验过程中，对生物强化活性炭动态膜部分泥饼剥离，然后将动态膜支撑网进行拆分，观察支撑网内外表面上混合液颗粒的残留状态，如图 6-35（见彩图 12）所示。从图中可以看到，很多生物强化活性炭混合液颗粒粘附夹杂在动态膜支撑体组件内部支撑网空腔之间。动态膜支撑体最外层支撑网孔径为250 目，约 $58\mu m$，活性炭很多颗粒会透过最外层支撑网。在生物强化活性炭动态膜过滤过程中，出水浊度一直低于 4NTU，出水中几乎没有悬浮颗粒物。因此，虽然部分生物强化活性炭混合液颗粒会渗透并残留在动态膜支撑体组件空腔内，但由于生物强化活性炭混合液颗粒之间的粘附作用较强，混合液颗粒与支撑网和外部动态膜泥饼较好地粘结为一体，试验过程中的过滤通量产生的水力冲刷不足以使该部分颗粒回流入过滤出水中，所以空腔内残留的该部分混合液颗粒不对过滤出水水质产生影响，出水水质较好。

图 6-35　生物强化活性炭动态膜支撑体组件拆分后的污染情况

　　取图 6-35 中最外层 250 目不锈钢支撑网进行扫描电镜观察，观察的样品包括反冲后不锈钢网正面、不锈钢网揭开反面厚泥饼和不锈钢网揭开反面薄泥饼，分别如图 6-36～图 6-38 所示。

　　从图 6-36 中可以看出，当动态膜反冲洗残留部分生物强化活性炭混合液颗粒时，不锈钢网正面残留的生物强化活性炭混合液颗粒会因具体部位反冲效果的优劣而不同（图 6-36（a）和图 6-36（b））；残留较多生物强化活性炭混合液颗粒会引起不锈钢支撑网孔径的堵塞，如图 6-36（b）和图 6-36（c）所示。生物强化活性炭混合液中含有很多微生物胞外聚合物等黏性物质，使混合液颗粒可以粘结在一起形成动态膜，并使泥饼与不锈钢支撑网金属丝相互粘连；反冲洗后，生物强化活性炭混合液颗粒和微生物胞外聚合物等物质仍会残留在不锈钢支撑网金属丝表面（图 6-36（d））。

（a）正面残留较少混合液颗粒物部分

（b）正面残留较多混合液颗粒物部分

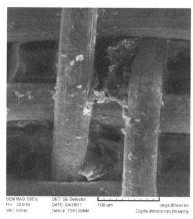
（c）不锈钢支撑网网孔堵塞情况

（d）不锈钢支撑网金属丝表面粘连物质

图 6-36　反冲后不锈钢网正面电镜

前已述及，过滤过程中，部分生物强化活性炭混合液颗粒会在不锈钢支撑网反面和动态膜支撑体组件空腔间形成粘附泥饼层，且过滤过程中不会因水力冲刷而剥落到出水中影响出水水质。此处，将不锈钢支撑网反面粘附的厚泥饼层区域和薄泥饼区域进行电镜观察分析，如图 6-37 和图 6-38 所示。

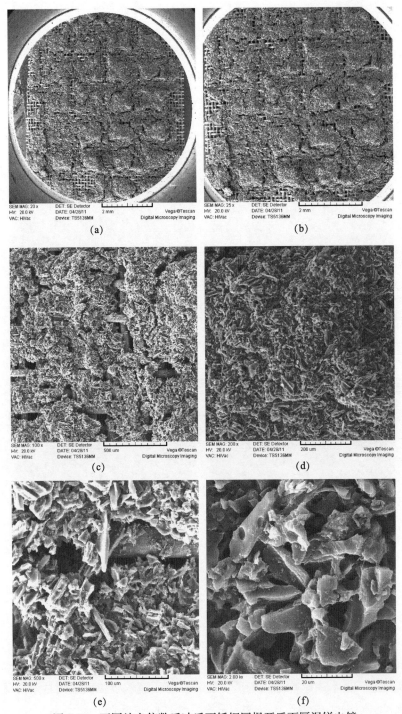

图 6-37　不同放大倍数反冲后不锈钢网揭开反面厚泥饼电镜

从图 6-37 中可以看到，不锈钢支撑网反面粘附的厚泥饼层将不锈钢支撑网孔径完全堵塞，不锈钢网金属丝几乎被完全包裹住；粘附的泥饼由于内外两层支撑网的联合挤压，泥饼颗粒间粘结十分紧密。据此分析，该部分泥饼对动态膜过滤也会起到截留物质的作用。

图 6-38　不同放大倍数反冲后不锈钢网揭开反面薄泥饼残留电镜

不锈钢支撑网反面粘附的薄泥饼区域电镜照片如图 6-38 所示。相对于支撑网反面泥饼较厚区域，该部分的泥饼粘附量相对较少，不锈钢支撑网网孔没有被完全堵塞，不锈钢网金属丝大部分裸露在外面，且粘附的泥饼厚度较薄。图 6-38（d）中可以看到此时网孔及金属丝上粘附的生物强化活性炭颗粒物及微生物胞外聚合物等物质含量较少，网孔未被堵塞。

2）微污染水处理中 BDDM 反冲洗特性

当 BDDM 过滤结束后，需要对 BDDM 进行反冲洗使泥饼脱落，从而有利于下一周期中 BDDM 进行预涂，恢复过滤能力。

在城镇生活污水处理试验中，在 BDDM 过滤运行时，选取较大的设定通量，较短过滤运行时间，采用低压空气反冲洗（10kPa），反冲洗时间 2～3min 能够获得较好的反冲洗效果。在本试验中，改变对 BDDM 的反冲洗方式，采用较高压、短时、小气量的 BDDM 空气反冲洗方式，即脉冲空气反冲洗方式。本部分主要研究在脉冲空气作用下的 BDDM 反冲洗特性。

在不同反冲洗条件下，脉冲空气反冲洗方式对 BDDM 的反冲洗参数及效果见表 6-5。其中，滤饼残留比率指反冲洗后，不锈钢支撑网表面残留 BDDM 的滤饼面积占原整体滤饼面积的比率。

表 6-5　微污染原水处理中，不同工况下 BDDM 的反冲洗

设定通量 / (L/ (m²·h))	过滤时间 /h	运行压力 /kPa	反冲空气通量 / (L/ (m²·s))	反冲空气压强 /kPa	反冲时间 /s	滤饼残留 /%
10	60	40	7.2	25	2	0
15	45	30	7.2	50	2	0
20	26	40	7.2	50	2	0
20	27	40	6	100	2	0
30	7	40	7.2	50	2	0
40	3.5	40	7.2	20	2	0
50	3.05	40	7.2	20	2	0
60	1.5	40	7.2	20	2	0
70	1.15	40	7.2	20	2	0

从表 6-5 中可以看到，不同运行及反冲洗情况下，脉冲空气反冲洗方式对 BDDM 具有很好的反冲洗效果，可以使 BDDM 泥饼完全从支撑网表面脱落。结合表 6-4 和表 6-5（生活污水处理中 BDDM 反冲洗情况）中两种空气反冲洗实验结果表明，采用脉冲式空气反冲洗方式，即提高空气反冲洗进气压力和缩短反冲洗时间，即使 BDDM 过滤运行时间较长，也可以取得较好的反冲洗效果。

此反冲洗试验中，共采用了 20kPa、25kPa、50kPa 和 100kPa 四种不同的空气反冲洗压力。从表 6-5 中可以看出，设定通量为 10L/ (m²·h) 时，过滤结束时已运行了 60h，采用反冲洗空气压力为 25kPa 时，BDDM 只需 2s 就可以完全脱落。当设定通量为 40～70L/ (m²·h)，在过滤周期末（周期末运行压力 40kPa），采用反冲洗空气压力 20kPa 时，BDDM 只需 2s 就可以完全脱落。

与 BDDM 在城镇生活污水处理试验中低压空气反冲洗试验效果相比，此次试验中，脉冲空气反冲洗对 BDDM 反冲洗较好的原因有：①脉冲反冲洗方式中，反冲洗空气压力大；②此试验中，生物硅藻土中 MLVSS 比例较小，BDDM 与不锈钢支撑网之间的粘连作用较小；③此试验中，相同设定通量下运行周期短于生活污水处理中的运行周期，从而抽吸压力对 BDDM 的压缩作用时间较短，与支撑网粘结作用时间较短。

采用脉冲反冲洗方式，较高压力的反冲洗空气会瞬间作用于 BDDM 空腔内的滤后水，对粘附在不锈钢支撑网表面的 BDDM 产生较大的反向剥离作用力，引起 BDDM 泥饼整体脱落。这种条件下的反向作用力大于低压反冲洗空气产生的压力。将过滤运行结束后的 BDDM 组件从反应器中取出进行空气反冲，观察反冲洗时 BDDM 的脱落过程。表 6-5 中设定通量为 40L/（m²·h）、过滤时间为 60h、终点运行压力为 40kPa 的运行条件下，反冲洗后不锈钢支撑体情况如图 6-39（见彩图 13）所示。反冲后脱落的 BDDM 泥饼如图 6-40（见彩图 14）所示。从图 6-39 中可以看出，经过脉冲反冲洗后，BDDM 泥饼全部脱落，支撑网表面没有滤饼残余，反冲洗效果较好。从支撑体框架上侧边缘残留的一层滤饼可以看出，脉冲反冲洗可以引起 BDDM 整体从支撑体表面断裂脱落，滤饼断裂处比较整齐。脉冲空气反冲洗过程中，脉冲高压空气引起 BDDM 泥饼瞬间整体从支撑体表面脱落，脱落的 BDDM 还整体保持泥饼形态。BDDM 泥饼具有粘结强度好的特性，这也有利于反冲时泥饼整体脱落，避免反冲洗时因泥饼强度不好而呈现局部脱落，从而保证较好的反冲洗效果。

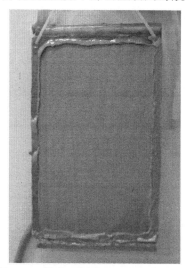

图 6-39　设定通量为 40L/（m²·h）时反冲洗后支撑体表面残留滤饼状况

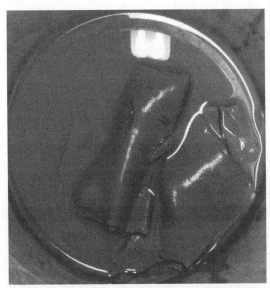

图 6-40　反冲后从支撑体脱落下来的 BDDM

微污染原水处理过程中，生物硅藻土混合液中 MLVSS 的所占 MLSS 的比例只有 31%～32%，远小于城镇生活污水处理时生物硅藻土混合液中 MLVSS 占 MLSS 的比例（约 42%～43%）。说明微污染原水处理过程中，生物硅藻土混合液中微生物数量较少，这与微污染原水中污染物质含量较少有关。从前面城镇生活污水处理中反冲洗的结果可得，BDDM 过滤运行时间越长、期末运行压力越大，导致 BDDM 低压空气反冲洗效果越差。反冲洗效果与 BDDM 和支撑网相接处的微生物繁殖和粘连有很大关系。在此试验过程中，生物硅藻土上粘附的微生物量较少，造成 BDDM 与不锈钢支撑网表面结合的粘结力较小。因此，即使在设定通量为 10L/(m²·h)、过滤结束时已运行 60h 的情况下，脉冲反冲洗也会使 BDDM 瞬间完全脱落。

此外，从城镇生活污水处理中的反冲洗试验结果可得，BDDM 过滤运行时间越短，低压空气反冲洗效果越好。此试验中，BDDM 在相同设定通量下的运行时间要短于 BDDM 在生活污水处理中的运行时间。因此，此试验中，过滤运行周期较短，微生物在过滤过程中引起的 BDDM 与不锈钢支撑网表面粘连作用较弱，有利于提高反冲洗效果。

综上，BDDM 在微污染原水处理过程中，采用脉冲空气反冲洗，反冲洗气压宜为 20～50kPa、反冲气量为 6 ～7.2L/(m²·s)、反冲洗时间 2s 时，可以使 BDDM 从支撑网表面完全脱落，反冲洗效果较好，操作简单。

6.3.2　其他清洗方法

当动态膜污染严重，膜阻力上升导致出水通量大幅度降低时，运行周期结束，此时需对膜组件进行清洗再生。膜组件的清洗再生是否干净、彻底，对下一周期的运行效果有重要影响。所以要提高膜组件的运行稳定性，获得更长的运行周期，必须优化清洗再生的方法。常见的膜组件清洗方法分为物理清洗和化学清洗两大类；其中物理清洗包括气洗、水洗、气-水洗和超声等，化学清洗包括酸洗、碱洗和其他药剂清洗等。针对不同的膜组件材料和运行方式可以采用不同的清洗方法，单一的清洗方法不能满足要求时，可以采用多种方法相结合对膜组件进行清洗，以清洗后所带来的膜出水通量恢复率来考查清洗效果。膜出水通量恢复率的计算公式为

$$P = \frac{J_i}{J_0} \times 100\%\qquad(6-2)$$

式中，P 为膜出水通量恢复率（%），J_i 为清洗后的膜出水通量(L/(m² · h))，J_0 为新膜组件投入使用时的膜出水通量 （L/(m² · h)）。

本试验中选定当运行压力上升到 40 kPa 时，停止动态膜过滤出水，采用多种方法对其进行清洗再生，其清洗效果见表 6-6，表中的膜出水通量恢复率是三次测量的平均值。

表 6-6　不同清洗方法效果研究

清洗方法	膜出水通量恢复率/%
在线 0.1 MPa 气冲 5 min	79.85
离线 0.1 MPa 气冲 5 min	82.33
超声 30 min	97.22
0.2% NaClO 浸泡 5 h	96.94
0.1 MPa 气冲 5 min + 超声 30 min	98.46
0.1 MPa 气冲 5 min + 0.2% NaClO 浸泡 1 h	97.93

从表中可以看出，不管是在线或离线的 0.1MPa 气冲 5 min，其膜出水通量恢复率都低于 90%，且在线气冲比离线气冲的恢复率还要低。造成这种现象的原因可能是：①在线气冲是在反应器混合液内进行的，具有黏性的微生物絮体颗粒在气冲完成后会粘附在膜组件表面堵塞膜孔，造成出水通量比离线气冲的小；②膜组件是长方体型，气冲引起的气流在四个直角处会形成死角，造成的气流压力远远小于提供的 0.1MPa，造成膜组件直角局部区域泥饼脱落不完全或完全不脱落。虽然采用浓度为 0.2% 的 NaClO 的单一的化学药剂清洗

和对膜组件进行 30 min 超声能得到较好的膜通量恢复率，分别为 96.94％和 97.22％，但采用组合的方式对膜组件清洗有较好的清洗效果，都在 0.1MPa 气冲 5 min 的前提下，比单一清洗方法的膜通量恢复率分别提高了 0.99％和 1.24％。其原因在于，气冲首先将膜组件下部和中部的大部分污泥去除，再采用超声或化学试剂浸泡对空气反冲不能完全去除的死角进行清洗，对膜组件清洗得比较彻底，因此采用有效的清洗组合方式，膜出水通量恢复率较高。根据试验结果，选择 0.1 MPa 气冲 5 min＋超声 30 min 的方法对膜组件进行清洗，能达到较好的清洗效果。

第7章

动态膜技术应用展望

动态膜过滤拥有突出的优点，如抗膜污染特性、低能耗、高通量和高截留率，因此，动态膜是潜在的可以取代传统膜技术、并有良好发展前景的技术。但是动态膜处在技术发展初期，难免存在很多亟待深入研究的地方，因此，这也要求学者对这一技术进行深入系统的研究，推动技术的发展与应用。

目前，针对动态膜，人们已经开展了其在生活污水处理、微污染地表水处理等领域的应用研究，涵盖了好氧动态膜反应器和厌氧动态膜反应器等不同的动态膜反应器类型。目前关于动态膜的研究主要集中在动态膜成膜过程、动态膜污染物去除、动态膜运行特性、动态膜结构、膜污染及反冲洗等方面，研究的范围基本涵盖了动态膜技术的各个环节；但研究的深度还远远没有达到对传统膜生物反应器的研究深度，很多关键技术还需要进行深入研究。在此，笔者对动态膜反应器技术的进一步深入研究提出以下展望与建议，期望对后续研究有一定的参考作用。

7.1 动态膜组件基网及结构优化研究

1. 基网膜材料的研究开发

目前一般大孔径动态膜组件采用的低廉材质仅限于无纺布、涤纶滤布、尼龙网、不锈钢网等，可以探索更低廉与实用的膜材料，或是开发出经济上可行的、孔径合理的新型动态膜支撑材料等。

2. 平板式动态膜组件的优化设计

平板式动态膜网组件在使用一定时间以后微网有损伤，这说明了在预涂或者说高强度反冲洗时的不均匀。因此，需要对膜组件进行一定的优化设计、布局等，如组件长宽比、空腔尺寸优化等。另外，现有膜组件都是使用不锈钢钢丝网作为动态膜形成的载体，未来研究可运用尼龙网及超滤膜等作为载体进行研究。

3. 新型管式动态膜组件的开发及优化研究

已有研究表明，平板式动态膜组件能较好地满足试验过程中的运行需要，反冲洗效果较好。但平板式膜组件体积较大，开发管式动态膜组件可以提高单位反应器容积中的支撑体面积，从而提高过滤面积、增加单位容积的产水量，进一步节约反应器体积。因此，后续研究需加大新型管式动态膜组件的研发和优化设计。

4. 工艺模型研究

在深入了解工艺原理的基础上，采用适当的数学模型对其进行模拟研究，有助于系统的设计和已有工艺系统操作条件的优化。

7.2 动态膜成膜、结构及影响因素研究

1. 动态膜形态特性的深入研究

目前，对于动态膜形成机制的研究仍然十分模糊和稀少。由于研究过程相对简单，对于个别的而非系统的动态膜系统的研究更为广泛。对于成膜材料和支撑体的性质、运行条件和生物特征对动态膜影响的协同作用的研究应该更加深入。对动态膜滤饼中的单位面积过滤孔数量、过滤孔径大小等没有进行研究，需要采用适当的分析方法进行更深入的研究。现在人们对动态膜结构，包括泥饼层、凝胶层和支撑体仅有粗略的认知，对各部分之间的相互作用的研究仍然缺乏。已有的对动态膜污染机理的研究不仅十分有限甚至有些还相互矛盾。动态膜的不稳定性和易变性也是未来研究的一大障碍。以上关于动态膜泥饼方面的研究均需要深入开展。

2. 泥饼过滤学的进一步研究

由于动态膜技术是一种滤饼过滤技术，滤饼的形成及控制条件都深刻影响着系统的正常运行。因此，建议以滤饼的过滤动力学为基础，研究不同材料动态膜构成的滤饼过滤机理及其优化方法，可从多孔介质过滤学及分形理论等工具研究优化滤饼的过滤特性，从理论上解决滤饼的过滤动力学。

7.3 动态膜污染物去除机理研究

1. 动态膜反应器污染物去除影响因素及机理

目前的研究大多在实验室内开展，虽然采用实际污水作为反应器进水，但是反应过程始终处于适宜微生物生长的温度，未考虑实际工程中可能出现的剧

烈温度变化对工艺污染物去除效率的影响，此外温度对膜污染的贡献情况及可能因此造成的膜过滤特性变化和相应的反冲洗过程设计的变化应该在后续的研究中加以分析。

此外，对生物硅藻土对污染物的去除机理需进行更深层次的研究。动态膜生物反应器对污泥具有较好的截留能力，而且对污染物有一定的生物降解能力，故还可从滤饼过滤学及分子生物学等方面对动态膜生物反应器的去除污染物机理做进一步的深入研究。利用基因技术探究动态膜反应器对污染物去除机理的研究，找出在各类污染物去除过程中起作用的优势微生物菌群种类，为污染物去除调控进行理论支撑。

2. 动态膜单独作用污染物去除机理

动态膜单独作用去除污染物的机理需进一步明确。动态膜泥饼具有一定的厚度，随着泥饼深度的变化，泥饼中的溶解氧产生变化，引起泥饼内微生物菌群的变化，对泥饼污染物的去除产生影响；同时，由于动态膜泥饼具有较强的机械截留能力，可以对颗粒物及污染进行一定的去除。因此，系统地阐释动态膜单独作用去除污染物机理具有实际意义和理论价值，需深入开展研究。

7.4　动态膜运行优化研究

1. 预涂的特性研究

基于动态膜运行过程，大孔支撑基网只有经过预涂过程，形成泥饼层后，才能有效进行后续的过滤。预涂过程的存在，也使动态膜的整个运行过程较传统膜生物反应器运行显得复杂。因此，开展预涂过程优化对于动态膜运行优化至关重要。例如，以 EPS、溶解性有机物为分析基础，通过对反冲洗后组件上残留的黏性物质的研究、分析，进一步研究预涂时间（滤饼形成）与残留物质物化特性参数的关系。

2. 反应器运行优化

动态膜反应器的稳定性需要进一步加强，需要对整个系统进行优化设计。由于动态膜是由污泥形成的滤饼层，这样在动态膜形成的过程中就会有泥饼的脱落，导致出水浊度升高。所以，要保证系统正常、出水水质稳定，就必须对设备进行精心设计，各项操作参数严格控制，如膜组件间距、曝气程度等。膜固液分离结构中的搅拌及曝气作用对所形成的动态膜泥饼特性有较大的影响，深入研究动态膜过滤特性及相关机理，需要对膜表面流体的湍动过程及机理进行相关的分析。

长期运行过程中最佳清洗压力的确定。实验中不同运行通量在特定清洗压力时的衰减量不同，在后续实验研究时应根据反应器实际构筑体积及微生物作用时间确定最佳水力停留时间，从而确定适宜的膜清洗压力及运行通量。

7.5　动态膜污染控制及反冲洗研究

1. 动态膜与支撑网结合作用研究

与传统膜生物反应器相比，动态膜污染控制较容易。经反冲洗后，动态膜泥饼可以从支撑网表面剥落。但在支撑网网丝上仍粘连部分残留物质。通常，无机离子与有机聚合物之间的架桥作用被认为是动态膜与基网之间相互粘连的主要作用。对残留物质的组成成分，采用微生物胞外聚合物、糖类、无机离子等指标进行评价，并结合生物硅藻土混合液的这些成分组成进行对比分析，从而更好地理解反冲洗效果和动态膜与支撑网之间的相互作用关系，更好地指导动态膜过滤运行及反冲洗应用。

2. 长期运行过程中过滤周期最佳运行压力和清洗时机的确定

目前的研究主要是根据经验或者相关研究报道确定动态膜运行终点压力，以此作为进行膜清洗的压力，但是这缺乏相关研究和理论支持。进一步通过过滤期间设定通量的衰减和反冲洗难易确定动态膜过滤周期最佳的运行压力和清洗时机。

3. 动态膜污染预测模型研究

膜污染关系到动态膜反应器运行的可靠性、经济性等关键问题。目前的研究中只对膜污染的形成有个初步了解，对膜污染模型及其动力学模型需进一步研究，以确定动态膜反应器适宜的处理规模及经济性等问题。

4. 动态膜在线反冲洗技术的深入优化

空气反冲洗可以较好地解决动态膜的反冲洗问题，但长期运行过程中对最佳反冲洗参数的确定和反冲洗集合工艺的建立需要进行全面系统的研究。同时，现有研究结果表明空气反冲洗的稳定性与均匀性需进一步提高，且反冲洗效果与动态膜组件的结构参数有显著关系，未来需对空气反冲、水反冲、气-水反冲等特性进行研究，并结合设备硬件等对气冲方式及各参数进行进一步优化。

7.6 动态膜应用范围及示范工程推广

1. 动态膜适用范围拓展研究

已开展的动态膜与生物反应器的联用局限于城镇污水处理和微污染地表水处理。其对工业废水处理方面的应用，或与其他处理技术相结合的应用应得到重视。根据动态膜的特点，其在污、废水处理及中水回用方面，适用性更强。建议以后对城市污水、雨水，以及各种工业废水进行长期的试验考察和推广应用。

由于绝大多数动态膜研究都是在实验室规模上的，动态膜的一大优势即低能耗，无法具体地体现出来。有关大规模应用动态膜的成本（资本性投入和运营成本）需要得到更多关注。

2. 动态膜示范工程推广

目前，大多关于动态膜的研究，主要是实验室小试研究。从工程应用角度分析，需依次进行中试及示范性工程研究，从而积累整个工艺在放大规模应用的性能参数，为工艺的进一步推广奠定基础。因此以后研究的重点应放在动态膜技术的实用化考察，积累实际经验参数，改进相关工艺流程，为动态膜技术的推广和应用提供有力的技术支持。

参 考 文 献

曹占平，张宏伟，张景丽．2009．污泥龄对膜生物反应器污泥特性及膜污染的影响．中国环境科学，29：386-390．

陈冠辉，王建永，高彦林．2007．次临界膜通量下膜污染研究．环境科学与管理，32：93-94．

董滨，傅钢，余柯，等．2006．水头差对动态膜组件出水通量及浊度的影响．净水技术，25：9-11．

范彬，黄霞，栾兆坤．2003．出水水头对自生生物动态膜过滤性能的影响．环境科学，24：65-69．

范瑾初，高乃云，吴柏生．1994．高纯水制备的有效预处理——硅藻土过滤．给水排水，20：11．

傅平青，刘丛强，吴丰昌．2005．溶解有机质的三维荧光光谱特征研究．光谱学与光谱分析，25：2024-2028．

高波，奚旦立，陈季华，等．2003．ZrO_2陶瓷动态膜回收 Lyocell 纤维溶剂初探．东华大学学报（自然科学版），29：72-75．

高乃云，范瑾初．1996．提高硅藻土过滤效能的方法．中国给水排水，12：10-12．

高松，周增炎，高廷耀．2005．自组生物动态膜在污泥截留中的应用研究．净水技术，24：14-17．

龚明树，殷云兰．1999．取水口水源水生物预处理中试研究．给水排水，25：5-8．

管萍，胡小玲，范晓东，等．2003．多肽和氨基酸纳滤膜分离中的膜污染及防治研究进展．材料导报，17：47-50．

黄翠芳，孙宝盛，张海丰．2007．膜生物反应器与传统活性污泥工艺的比较研究．工业用水与废水，38：9-11．

黄霞，桂萍．1998．膜生物反应器废水处理工艺的研究进展．环境科学研究，11：40-44．

黄严华，郭文森，金珊．2005．陶瓷微滤膜回收分子筛过程中的反冲洗技术．辽宁石油化工大学学报，25：1-4．

金儒霖，刘永龄．1982．污泥处置．北京：中国建筑工业出版社．

李方，李俊，陈季华，等 . 2005. 动态膜在错流微滤系统中的应用 . 水处理技术，31：59-62.

李俊，李方，卓琳云，等 . 2006. 动态膜的形成机理及其水处理性能研究 . 高校化学工程学报，20：837-842.

李卫华，盛国平，王志刚，等 . 2008. 废水生物处理反应器出水的三维荧光光谱解析 . 中国科学技术大学学报，38：601-608.

立本英机，安部郁夫，高尚愚 . 2002. 活性炭的应用技术：其维持管理及存在问题 . 南京：东南大学出版社 .

梁娅 . 2007. 高效自生动态膜技术的初步研究 . 上海：同济大学硕士学位论文 .

刘成 . 2004. 粉末活性炭在微污染源水处理中的应用研究 . 西安：西安建筑科技大学硕士学位论文 .

刘成，黄廷林，赵建伟 . 2006. 混凝、粉末活性炭吸附对不同分子量有机物的去除 . 净水技术，25：31-33.

刘红，何韵华，张山立，等 . 2004. 微污染水源水处理中超声波强化生物降解有机污染物研究 . 环境科学，25：57-60.

刘宏波 . 2006. 自生生物动态膜反应器在城市污水处理中的应用研究 . 武汉：华中科技大学硕士学位论文 .

刘茉娥 . 1998. 膜分离技术 . 北京：化学工业出版社 .

卢进登，李艳蔷，康群，等 . 2006. 微网动态膜生物反应器对污染物的去除效果 . 环境科学与技术，29：93-94.

鹿雯 . 2007. 胞外聚合物 EPS 对污泥理化性质影响研究 . 环境科学与管理，32：27-30.

马鸣超，姜昕，李俊，等 . 2008. 应用 16S rDNA 克隆文库解析人工快速渗滤系统细菌种群多样性 . 微生物学通报，35：731-736.

孟凡刚 . 2007. 膜生物反应器膜污染行为的识别与表征 . 大连：大连理工大学博士学位论文 .

邱宪锋 . 2007. 新型动态膜生物反应器的研究与应用 . 济南：山东大学硕士学位论文 .

孙宝盛，张海丰，齐庚申 . 2006. 膜生物反应器与传统活性污泥法污泥混合液过滤特性的比较 . 环境科学，27：315-318.

孙德栋，张启修 . 2003. UF 膜处理生活污水阻力特性及清洗可恢复性的研究 . 工业水处理，23：37-39.

孙丽华，李星，杨艳玲，等．2009．浸没式超滤膜处理地表水的膜污染影响因素试验研究．给水排水，35：18-22．

唐书娟，王志伟，吴志超，等．2009．膜-生物反应器中溶解性有机物的三维荧光分析．中国环境科学，29：290-295．

王红武，李晓岩，赵庆祥．2004．活性污泥的表面特性与其沉降脱水性能的关系．清华大学学报（自然科学版），44：766-769．

王锦，王晓昌，石磊．2005．在线周期反冲洗超滤膜污染过程研究．北京交通大学学报，29：26-29．

魏复盛，毕彤，齐文启．2002．水和废水检测分析方法．第四版．北京：中国环境科学出版社．

魏奇锋．2006．动态膜技术处理生活污水试验研究．大连：大连理工大学硕士学位论文．

魏奇锋，刘东海，张威，等．2007a．预涂PAC动态膜生物反应器长期运行特性研究．辽宁化工，36：96-99．

魏奇锋，张捍民，叶茂盛，等．2007b．PAC-自生动态膜生物反应器处理生活污水的研究．中国给水排水，23：48-52．

吴春英，吴盈禧，夏俊林，等．2009．动态膜生物反应器的运行稳定性及其影响因素研究．中国给水排水，25：21-25．

吴季勇，华敏洁，高运川．2004．自生生物动态膜反应器处理市政污水的特性．上海师范大学学报（自然科学版），33：89-95．

吴志超，田陆梅，王旭，等．2008．动态膜-生物反应器处理城市污水的运行特性研究．环境污染与防治，30：47-50．

杨文静，樊耀波，徐国良，等．2010．EPS及其在膜生物反应器中的作用和影响．膜科学与技术，4：90-96．

臧倩，孙宝盛，张海丰，等．2005．胞外聚合物对一体式膜生物反应器过滤特性的影响．天津工业大学学报，24：41-44．

张海丰，孙宝盛，齐庚申．2005．传统活性污泥法与膜生物反应器污泥沉降性能的比较．四川环境，24：1-3．

张捍民，乔森，叶茂盛，等．2005．预涂动态膜-生物反应器处理生活污水试验研究．环境科学学报，25：249-253．

张建，邱宪锋，高宝玉，等．2007a．动态膜生物反应器中动态膜的作用和结构研究．环境科学，28：147-151．

张建，邱宪锋，高宝玉，等．2007b．逆出水方向曝气反冲洗在动态膜生物反应器中的应用．环境科学，28：1241-1244．

张丽丽，陈效，陈建孟，等．2007．胞外多聚物在好氧颗粒污泥形成中的作用机制．环境科学，28：795-799．

张萍．2006．平板膜生物反应器适宜运行通量与临界通量关系．净水技术，25：24-27．

张玉忠．2004．液体分离膜技术及应用．北京：化学工业出版社．

赵敏．2011．活性污泥絮体的性状及其沉降性能的探讨．环境科学与管理，36：106-111．

周健，龙腾锐，苗利利．2004．胞外聚合物 EPS 对活性污泥沉降性能的影响研究．环境科学学报，24：613-618．

朱普霞．2004．给水中的浊度问题．净水技术，23：22-23．

Ahn K H，Song J H，Cha H Y．1998. Application of tubular ceramic membranes for reuse of wastewater from buildings. Water Science and Technology，38：373-382.

Akay G，Odirile P T，Keskinler B，et al. 1999. Crossflow microfiltration characteristics of surfactants：The effects of membrance physical chemistry and surfactant phase behavior on gel polarization and rejection. ACS Symposium Series，740：175-200.

Al-Malack M H，Anderson G K. 1996. Formation of dynamic membranes with crossflow microfiltration. Journal of Membrane Science，112：287-296.

Al-Malack M H，Anderson G K. 1997a. Cleaning techniques of dynamic membranes. Separation and Purification Technology，12：25-33.

Al-Malack M H，Anderson G K. 1997b. Crossflow microfiltration with dynamic membranes. Water Research，31：1969-1979.

Al-Malack M H，Anderson G K. 1997c. Use of MnO_2 as a dynamic membrane with crossflow microfiltration：Slow membraning technique. Desalination，109：15-24.

Altamn M，Hasson D，Semiat R，1999. Review of dynamic membrane. Review in Chemical Engineering，15：1-40.

Altman M，Semiat R，Hasson D. 1999. Removal of organic foulants from feed waters by dynamic membranes. Desalination，125：65-75.

Altmann J，Ripperger S. 1997. Particle deposition and layer formation at the crossflow microfiltration. Journal of Membrane Science，124：119-128.

An Y，Wang Z W，Wu Z C，et al. 2009. Characterization of membrane foulants in an anaerobic non-woven fabric membrane bioreactor for municipal wastewater treatment. Chemical Engineering Journal，155：709-715.

Aycicek H，Oguz U，Karci K. 2006. Comparison of results of ATP bioluminescence and traditional hygiene swabbing methods for the determination of surface cleanliness at a hospital kitchen. International Journal of Hygiene and Environmental Health，209：203-206.

Baker A. 2001. Fluorescence excitation-emission matrix characterization of some sewage-impacted rivers. Environmental Science & Technology，35：948-953.

Barker D J，Stuckey D C. 1999. A review of soluble microbial products (SMP) in wastewater treatment systems. Water Research，33：3063-3082.

Black H H，Spaulding C H. 1944. Diatomite water filtration developed for field troops. Jour. AWWA，36：1208.

Blumel M，Suling J，Imhoff J F. 2007. Depth-specific distribution of Bacteroidetes in the oligotrophic Eastern Mediterranean Sea. Aquatic Microbial Ecology，46：209-224.

Bouhabila E H，Ben Aïm R，Buisson H. 2001. Fouling characterisation in membrane bioreactors. Separation and Purification Technology，22：123-132.

Bourgeous K N，Darby J L，Tchobanoglous G. 2001. Ultrafiltration of wastewater：Effects of particles，mode of operation，and backwash effectiveness. Water Research，35：77-90.

Burrell P，Keller J，Blackall L L. 1999. Characterisation of the bacterial consortium involved in nitrite oxidation in activated sludge. Water science and technology，39：45-52.

Cai B X，Ye H L，Yu L. 2000. Preparation and separation performance of a dynamically formed MnO_2 membrane. Desalination，128：247-256.

Cao D W，Chu H Q，Jin W，et al. 2010. Characteristics of the biodiatomite dynamic membrane（cake layer）for municipal wastewater treatment. Desalination，250：544-547.

Chang I S，Lee C H. 1998. Membrane filtration characteristics in membrane-coupled activated sludge system - the effect of physiological states of activated sludge on membrane fouling. Desalination，120：221-233.

Chen C C, Chiang B H. 1998. Formation and characteristics of zirconium ultrafiltration dynamic membranes of various pore sizes. Journal of Membrane Science, 143: 65-73.

Chen J, Gu B, LeBoeuf E J, et al. 2002. Spectroscopic characterization of the structural and functional properties of natural organic matter fractions. Chemosphere, 48: 59-68.

Chen M Y, Lee D J, Yang Z, et al. 2006. Fluorecent staining for study of extracellular polymeric substances in membrane biofouling layers. Environmental Science & Technology, 40: 6642-6646.

Chen W, Westerhoff P, Leenheer J A, et al. 2003. Fluorescence excitation-emission matrix regional integration to quantify spectra for dissolved organic matter. Environmental Science & Technology, 37: 5701-5710.

Cho B, Fane A. 2002. Fouling transients in nominally sub-critical flux operation of a membrane bioreactor. Journal of Membrane Science, 209: 391-403.

Cho J, Amy G, Pellegrino J. 2000. Membrane filtration of natural organic matter: factors and mechanisms affecting rejection and flux decline with charged ultrafiltration (UF) membrane. Journal of Membrane Science, 164: 89-110.

Choi H, Zhang K, Dionysiou D D, et al. 2005. Influence of cross-flow velocity on membrane performance during filtration of biological suspension. Journal of Membrane Science, 248: 189-199.

Chu H Q. 2012. Gravity filtration performances of the bio-diatomite dynamic membrane reactor for slightly polluted surface water purification. Water Science and Technology.

Chu H Q, Cao D W, Dong B Z, et al. 2010. Bio-diatomite dynamic membrane reactor for micro-polluted surface water treatment. Water Research, 44: 1573-1579.

Chu H Q, Cao D W, Jin W, et al. 2008. Characteristics of bio-diatomite dynamic membrane process for municipal wastewater treatment. Journal of Membrane Science, 325: 271-276.

Chu H Q, Dong B Z, Zhang Y L. 2012. Gravity filtration performances of the bio-diatomite dynamic membrane reactor for slightly polluted surface water purification. Water Science and Technology, 66: 1139-1146.

Chu H Q, Dong B Z, Zhang Y L, et al. 2012a. Pollutant removal mechanisms in a bio-diatomite dynamic membrane reactor for micro-polluted surface water purification. Desalination, 293: 38-45.

Chu H Q, Zhang Y L, Dong B Z, et al. 2012b. Pretreatment of micro-polluted surface water with a biologically enhanced PAC-diatomite dynamic membrane reactor to produce drinking water. Desalination and Water Treatment, 40: 84-91.

Chu H Q, Zhang Y L, Zhou X F, et al. 2013. Bio-enhanced powder-activated carbon dynamic membrane reactor for municipal wastewater treatment. Journal of Membrane Science, 433: 126-134.

Chu L B, Li S. 2006. Filtration capability and operational characteristics of dynamic membrane bioreactor for municipal wastewater treatment. Separation and Purification Technology, 51: 173-179.

Claus H, Gleixner G, Filip Z. 1999. Formation of humic-like substances in mixed and pure cultures of aquatic microorganisms. Acta Hydrochimica et Hydrobiologica, 27: 200-207.

Coble P G. 1996. Characterization of marine and terrestrial DOM in seawater using excitation-emission matrix spectroscopy. Marine Chemistry, 51: 325-346.

Correia V M, Judd S J. 1996a. Effect of salt concentration on the structure of low-pressure dynamically-formed membranes. Journal of Membrane Science, 116: 117-127.

Correia V M, Judd S J. 1996b. Examination of the permeability dependence on ionic strength of low-pressure dynamically-formed membranes. Journal of Membrane Science, 116: 129-139.

de Amorim M T P, Ramos I R A. 2006. Control of irreversible fouling by application of dynamic membranes. Desalination, 192: 63-67.

Deerr N. 1921. Cane sugar: a textbook on the agriculture of the sugar cane, the manufacture of cane sugar, and the analysis of sugar-house products. London: Nowman Rodger.

Defrance L, Jaffrin M Y, Gupta B, et al. 2000. Contribution of various constituents of activated sludge to membrane bioreactor fouling. Bioresource Technology, 73: 105-112.

Dong B, Chen Y, Gao N, et al. 2006. Effect of pH on UF membrane fouling. Desalination, 195: 201-208.

Drews A, Mante J, Iversen V, et al. 2007. Impact of ambient conditions on SMP elimination and rejection in MBRs. Water Research, 41: 3850-3858.

Ehsani N, Parkkien S, Nystrom M. 1997. Fraction of natural model egg-with protein solution with modified and unmodified polysulfone UF membrane. Journal of Membrane Science, 123: 105-119.

Emanuelsson E A, Arcangeli J P, Livingston A. 2003. The anoxic extractive membrane bioreactor. Water Research, 37: 1231-1238.

Engineer Board F B, VA. 1944a. 15-GPM Light Diatomite Water Purification Equipment. United States, 176.

Engineer Board F B, VA. 1944b. Water Purification Equipment, Diatomite, Portable, 50-GPM. United States, 150.

Ersahin M E, Ozgun H, Dereli R K. 2012. A review on dynamic membrane filtration: materials, applications and future perspectives. Bioresource Technology.

Fan B, Huang X. 2002. Characteristics of a self-forming dynamic membrane coupled with a bioreactor for municipal wastewater treatment. Environmental Science & Technology, 36: 5245-5251.

Fenu A, Roels J, Wambecq T, et al. 2010. Energy audit of a full scale MBR system. Desalination, 262: 121-128.

Field R W, Wu D, Howell J A, et al. 1995. Critical flux concept for microfiltration fouling. Journal of Membrane Science, 100: 259-272.

Flemming H C, Wingender J. 2001. Relevance of microbial extracellular polymeric substances (EPSs) - Part I: Structural and ecological aspects. IWA Publishing, 43: 1-8.

Fletcher H, Mackley T, Judd S. 2007. The cost of a package plant membrane bioreactor. Water Research, 41: 2627-2635.

Fonseca A C, Summers R S, Greenberg A R, et al. 2007. Extra-cellular polysaccharides, soluble microbial products, and natural organic matter impact on nanofiltration membranes flux decline. Environmental Science & Technology, 41: 2491-2497.

Fr B, Griebe T, Nielsen P. 1995. Enzymatic activity in the activated-sludge floc matrix. Appl. Microbiol. Biotechnol, 43: 755-761.

Fuchs W, Resch C, Kernstock M, et al. 2005. Influence of operational conditions on the performance of a mesh filter activated sludge process. Water Research, 39: 803-810.

Gander M, Jefferson B, Judd S. 2000. Aerobic MBRs for domestic wastewater treatment: a review with cost considerations. Separation and Purification Technology, 18: 119-130.

Gao M, Yang M, Li H, et al. 2004. Comparison between a submerged membrane bioreactor and a conventional activated sludge system on treating ammonia-bearing inorganic wastewater. Journal of Biotechnology, 108: 265-269.

Gao W, Lin H, Leung K, et al. 2011a. Structure of cake layer in a submerged anaerobic membrane bioreactor. Journal of Membrane Science, 374: 110-120.

Gao W J, Lin H J, Leung K T, et al. 2011b. Structure of cake layer in a submerged anaerobic membrane bioreactor. Journal of Membrane Science, 374: 110-120.

Groves G R, Buckley C A, Cox J M, et al. 1983. Dynamic membrane ultrafiltration and hyperfiltration for the treatment of industrial effluents for water reuse. Desalination, 47: 305-312.

Gunder B, Krauth K. 1998. Replacement of secondary clarification by membrane separation - Results with plate and hollow fibre modules. Water Science and Technology, 38: 383-393.

Hedlund B P, Gosink J J, Staley J T. 1997. Verrucomicrobia div. nov. , a new division of the Bacteria containing three new species of Prosthecobacter. Antonie Van Leeuwenhoek, 72: 29-38.

Hermia J. 1982. Constant pressure blocking filtration laws-application to power-law non-Newtonial fluids. Transactions of the Institution of Chemical Engineers, 60: 183-187.

Hernandez Rojas M, Van Kaam R, Schetrite S, et al. 2005. Role and variations of supernatant compounds in submerged membrane bioreactor fouling. Desalination, 179: 95-107.

Hillis P, Padley M, Powell N, et al. 1998. Effects of backwash conditions on out-to-in membrane microfiltration. Desalination, 118: 197-204.

Ho J H, Khanal S K, Sung S. 2007. Anaerobic membrane bioreactor for treatment of synthetic municipal wastewater at ambient temperature. Water

Science and Technology, 55: 79-86.

Holdich R G, Boston J S. 1990. Microfiltration using a dynamically formed membrane. Filtration and Separation, 27: 184-187.

Hong S H, Lee W N, Oh H S, et al. 2007. The effects of intermittent aeration on the characteristics of bio-cake layers in a membrane bioreactor. Environmental Science & Technology, 41: 6270-6276.

Horng R Y, Huang C P, Chang M C, et al. 2009. Application of TiO_2 photocatalytic oxidation and non-woven membrane filtration hybrid system for degradation of 4-chlorophenol. Desalination, 245: 169-182.

Hwang B K, Lee W N, Yeon K M, et al. 2008. Correlating TMP increases with microbial characteristics in the bio-cake on the membrane surface in a membrane bioreactor. Environmental Science & Technology, 42: 3963-3968.

Hwang K J, Cheng Y H. 2003. The role of dynamic membrane in cross-flow microfiltration of macromolecules. Separation Science and Technology, 38: 779-795.

Hwang K J, Hsueh C L. 2003. Dynamic analysis of cake properties in microfiltration of soft colloids. Journal of Membrane Science, 214: 259-273.

Hwang K J, Yu Y H, Lu W M. 2001. Cross-flow microfiltration of submicron microbial suspension. Journal of Membrane Science, 194: 229-243.

Jeison D, Diaz I, van Lier J B. 2008. Anaerobic membrane bioreactors: Are membranes really necessary? Electronic Journal of Biotechnology, 11: 1-2.

Jeison D, van Lier J B. 2007. Cake formation and consolidation: Main factors governing the applicable flux in anaerobic submerged membrane bioreactors (AnSMBR) treating acidified wastewaters. Separation and Purification Technology, 56: 71-78.

Jiang X, Ma M, Li J, et al. 2008. Bacterial diversity of active sludge in wastewater treatment plant. Earth Science Frontiers, 15: 163-168.

Jin B, Wilén B M, Lant P. 2003. A comprehensive insight into floc characteristics and their impact on compressibility and settleability of activated sludge. Chemical Engineering Journal, 95: 221-234.

Jiraratananon R, Uttapap D, Tangamornsuksun C. 1997. Self-forming dynamic membrane for ultrafiltration of pineapple juice. Journal of Membrane Science, 129: 135-143.

Jonsson A S, Jonsson B. 1991. The influence of nonionic and ionic surfactants on hydrophobic and hydrophilic ultrafiltration membranes. Journal of Membrane Science, 56: 49-76.

Kim K J, Fane A G. 1995. Performance evaluation of surface hydrophilized novel ultrafiltration membranes using aqueous proteins. Journal of Membrane Science, 99: 149-162.

Kim M, Saito K, Furusaki S, et al. 1991. Water flux and protein adsorption of a hollow fiber modified with hydroxyl groups. Journal of Membrane Science, 56: 289-302.

Kimura K, Yamato N, Yamamura H, et al. 2005. Membrane fouling in pilot-scale membrane bioreactors (MBRs) treating municipal wastewater. Environmental Science & Technology, 39: 6293-6299.

Kishihara S, Tamaki H, Fujii S, et al. 1989. Clarification of technical sugar solutions through a dynamic membrane formed on a porous ceramic tube. Journal of Membrane Science, 41: 103-114.

Kiso Y, Jung Y J, Ichinari T, et al. 2000. Wastewater treatment performance of a filtration bio-reactor equipped with a mesh as a filter materi-al. Water Research, 34: 4143-4150.

Kiso Y, Jung Y J, Park M S, et al. 2005. Coupling of sequencing batch reactor and mesh filtration: Operational parameters and wastewater treatment performance. Water Research, 39: 4887-4898.

Knyazkova T V, Kavitskaya A A. 2000. Improved performance of reverse osmosis with dynamic layers onto membranes in separation of concentrated salt solutions. Desalination, 131: 129-136.

Korshin G V, Kumke M U, Li C W, et al. 1999. Influence of chlorination on chromophores and fluorophores in humic substances. Environmental Science & Technology, 33: 1207-1212.

Kryvoruchko A P, Atamanenko I D, Yurlova L Y. 2004. Concentration/purification of Co (II) ions by reverse osmosis and ultrafiltration combined with sorption on clay mineral montmorillonite and cation-exchange resin KU-2-8n. Journal of Membrane Science, 228: 77-81.

Kuberkar V T, Davis R H. 2000. Modeling of fouling reduction by secondary membranes. Journal of Membrane Science, 168: 243-258.

Langé K P, Bellamy W D, Hendricks D W. 1986. Diatomaceous earth filtration of Giardia cysts and other substances. Journal of the American Water Works Association, 78: 76-84.

Lawrence J, Swerhone G, Leppard G, et al. 2003. Scanning transmission X-ray, laser scanning, and transmission electron microscopy mapping of the exopolymeric matrix of microbial biofilms. Applied and Environmental Microbiology, 69: 5543-5554.

Le-Clech P. 2010. Membrane bioreactors and their uses in wastewater treatments. Applied Microbiology and Biotechnology, 88: 1253-1260.

Le-Clech P, Chen V, Fane T A G. 2006. Fouling in membrane bioreactors used in wastewater treatment. Journal of Membrane Science, 284: 17-53.

Lee C, Park P, Lee W, et al. 2008. Correlation of biofouling with the bio-cake architecture in an MBR. Desalination, 231: 115-123.

Lee J, Ahn W Y, Lee C H. 2001. Comparison of the filtration characteristics between attached and suspended growth microorganisms in submerged membrane bioreactor. Water Research, 35: 2435-2445.

Lee J, Kim I S. 2011. Microbial community in seawater reverse osmosis and rapid diagnosis of membrane biofouling. Desalination, 273: 118-126.

Lee W, Kang S, Shin H. 2003. Sludge characteristics and their contribution to microfiltration in submerged membrane bioreactors. Journal of Membrane Science, 216: 217-227.

Liang S, Liu C, Song L. 2007. Soluble microbial products in membrane bioreactor operation: behaviors, characteristics, and fouling potential. Water Research, 41: 95-101.

Liang S, Zhao T T, Zhang J, et al. 2012. Determination of fouling-related critical flux in self-forming dynamic membrane bioreactors: Interference of membrane compressibility. Journal of Membrane Science, 390: 113-120.

Liao B, Allen D, Droppo I, et al. 2001. Surface properties of sludge and their role in bioflocculation and settleability. Water Research, 35: 339-350.

Li F, Chen J, Deng C. 2006. The kinetics of crossflow dynamic membrane bioreactor. Water SA, 32: 199-203.

Lin H, Liao B Q, Chen J, et al. 2011. New insights into membrane fouling in a submerged anaerobic membrane bioreactor based on characterization of cake sludge and bulk sludge. Bioresource Technology, 102: 2373-2379.

Lin H, Xie K, Mahendran B, et al. 2009. Sludge properties and their effects on membrane fouling in submerged anaerobic membrane bioreactors (SAnMBRs) . Water Research, 43: 3827-3837.

Li Q, Elimelech M. 2004. Organic fouling and chemical cleaning of nano-filtration membranes: measurements and mechanisms. Environmental Science & Technology, 38: 4683-4693.

Liu H B, Yang C Z, Pu W H, et al. 2009. Formation mechanism and structure of dynamic membrane in the dynamic membrane bioreactor. Chemical Engineering Journal, 148: 290-295.

Li W W, Wang Y K, Sheng G P, et al. 2012. Integration of aerobic granular sludge and mesh filter membrane bioreactor for cost-effective wastewater treatment. Bioresource Technology, 122: 22-26.

Li X, Yang S. 2007. Influence of loosely bound extracellular polymeric substances (EPS) on the flocculation, sedimentation and dewaterability of activated sludge. Water Research, 41: 1022-1030.

Li Y Z, He Y L, Liu Y H, et al. 2005. Comparison of the filtration char-acteristics between biological powdered activated carbon sludge and activated sludge in submerged membrane bioreactors. Desalination, 174: 305-314.

Lowe H N, Brady F J. 1944. Efficiency of Standard Army Water Purification Equipment and of Diatomite Filters in Removing Cysts of Endamoeba Histolytica from Water. United States: 87.

Lu W M, Tung K L, Hung S M, et al. 2001. Compression of deformable gel particles. Powder technology, 116: 1-12.

Magara Y, Nambu S, Utosawa K. 1976. Biochemical and physical properties of an activated sludge on settling characteristics. Water Research, 10: 71-77.

Ma M c, Jiang X, Li J, et al. 2008. Analysis of nitrifying bacteria community denitrogenation action in constructed rapid infiltrition system. China Environmental

Science-Chinese Edition, 28: 350.

Manz W, Wagner M, Amann R, et al. 1994. In situ characterization of the microbial consortia active in two wastewater treatment plants. Water Research, 28: 1715-1723.

Marcinkowsky A E, Kraus K A, Phillips H O, et al. 1966. Hyperfiltration studies. Ⅳ. salt rejection by dynamically formed hydrous oxide membranes. Journal of the American Chemical Society, 88: 5744-5746.

Masse A, Spérandio M, Cabassud C. 2006. Comparison of sludge characteristics and performance of a submerged membrane bioreactor and an activated sludge process at high solids retention time. Water Research, 40: 2405-2415.

Matsuyama H, Shimomura T, Teramoto M. 1994. Formation and characteristics of dynamic membrane for ultrafiltration of protein in binary protein system. Journal of Membrane Science, 92: 107-115.

Matteson M, Orr C. 1987. Filtration: Principles and Practices. Boca Raton: CRC Press.

Mendret J, Guiguir C, Cabassud C, et al. 2006. Dead-end ultrafiltration and backwash: dynamic characterisation of cake properties at local scale. Desalination, 199: 216-218.

Meng F G, Zhang H M, Li Y S, et al. 2005. Cake layer morphology in microfiltration of activated sludge wastewater based on fractal analysis. Separation and Purification Technology, 44: 250-257.

Meng F, Liao B, Liang S, et al. 2010. Morphological visualization, componential characterization and microbiological identification of membrane fouling in membrane bioreactors (MBRs) . Journal of Membrane Science, 361: 1-14.

Meng F, Zhang H, Yang F, et al. 2007. Characterization of cake layer in submerged membrane bioreactor. Environmental Science & Technology, 41: 4065-4070.

Millesime L, Amiel C, Chaufer B. 1994. Ultrafiltration of lysozyme and bovine serum albumin with polysulfone membranes modified with quaternized polyvinylimidazole. Journal of Membrane Science, 89: 223-234.

Miura Y, Hiraiwa M N, Ito T, et al. 2007. Bacterial community structures in MBRs treating municipal wastewater: relationship between community stability and reactor performance. Water Research, 41: 627-637.

Mobed J J, Hemmingsen S L, Autry J L, et al. 1996. Fluorescence characterization of IHSS humic substances: total luminescence spectra with absorbance correction. Environmental Science & Technology, 30: 3061-3065.

Moghaddam M R A, Guan Y, Satoh H, et al. 2006. Filter clogging in coarse pore filtration activated sludge process under high MLSS concentration. Water Science and Technology, 54: 55-66.

Moghaddam M R A, Guan Y, Satoh H, et al. 2003. Performance and microbial dynamics in the coarse pore filtration activated sludge process at different SRTs (solids retention times) . Water Science and Technology, 47: 73-80.

Moghaddam M R A, Satoh H, Mino T. 2002a. Effect of important operational parameters on performance of coarse pore filtration activated sludge process. Water Science and Technology, 46: 229-236.

Moghaddam M R A, Satoh H, Mino T. 2002b. Performance of coarse pore filtration activated sludge system. Water Science and Technology, 46: 71-76.

Na L, Liu Z Z, Xu S G. 2000. Dynamically formed poly (vinyl alcohol) ultrafiltration membranes with good anti-fouling characteristics. Journal of Membrane Science, 169: 17-28.

Nagaoka H, Ueda S, Miya A. 1996. Influence of bacterial extracellular polymers on the membrane separation activated sludge process. Water Science and Technology, 34: 165-172.

Nakanishi K, Tadokoro T, Matsuno R. 1987. On the specific resistance of cakes of microorganisms. Chemical Engineering Communications, 62: 187-201.

Nakao Si, Nomura T, Kimura S, et al. 1986. Formation and characteristics of inorganic dynamic membranes for ultrafiltration. Journal of Chemical Engineering of Japan, 19: 221-226.

Nakatsu T, Ichiyama S, Hiratake J, et al. 2006. Structural basis for the spectral difference in luciferase bioluminescence. Nature, 440: 372-376.

Ng H Y, Hermanowicz S W. 2005. Membrane bioreactor operation at short solids retention times: performance and biomass characteristics. Water

Research, 39: 981-992.

Noor M, Ahmadun F R, Mohamed T A, et al. 2002. Performance of flexible membrane using kaolin dynamic membrane in treating domestic wastewater. Desalination, 147: 263-268.

Ognier S, Wisniewski C, Grasmick A. 2004. Membrane bioreactor fouling in sub-critical filtration conditions: a local critical flux concept. Journal of Membrane Science, 229: 171-177.

Oh H, Takizawa S, Ohgaki S, et al. 2007. Removal of organics and viruses using hybrid ceramic MF system without draining PAC. Desalination, 202: 191-198.

Ohtani T, Nakajima M, Nawa Y, et al. 1991. Formation of dynamic UF membrane with fine Zr particles. Journal of Membrane Science, 64: 273-281.

Orchard A C J. 1989. Recent developments in membranes for critical filtration applications. Brighton: Paper presented at the International Technical Conference on Membrane Separation Processes.

Pan J R, Su Y C, Huang C P, et al. 2010. Effect of sludge characteristics on membrane fouling in membrane bioreactors. Journal of Membrane Science, 349: 287-294.

Park M S, Kiso Y, Jung Y J, et al. 2004. Sludge thickening performance of mesh filtration process. Water Science and Technology, 50: 125-133.

Park P K, Lee C H, Lee S. 2007. Determination of cake porosity using image analysis in a coagulation – microfiltration system. Journal of Membrane Science, 293: 66-72.

Parks G A. 1965. The isoelectric points of solid oxides, solid hydroxides, and aqueous hydroxo complex systems. Chemical Reviews, 65: 177-198.

Pillay V L, Townsend B, Buckley C A. 1994. Improving the performance of anaerobic digesters at wastewater treatment works: the coupled cross-flow microfiltration/digester process. Water Science and Technology, 30: 329-337.

Pollice A, Laera G, Blonda, M. 2004. Biomass growth and activity in a membrane bioreactor with complete sludge retention. Water Research, 38: 1799-1808.

Pollice A, Laera G. 2005. Effects of complete sludge retention on biomass build-up in a membrane bioreactor. Water Science & Technology, 52:

369-375.

Pouliot Y, Wijers M, Gauthier S, et al. 1999. Fractionation of whey protein hydrolysates using charged UF/NF membranes. Journal of Membrane Science, 158: 105-114.

Raunkjær K, Hvitved-Jacobsen T, Nielsen P H. 1994. Measurement of pools of protein, carbohydrate and lipid in domestic wastewater. Water Research, 28: 251-262.

Remize P J, Guigui C, Cabassud C. 2006. From a new method to consider backwash efficiency to the definition of remaining fouling. Desalination, 199: 86-88.

Ren L, Wu Y, Ren N, et al. 2010a. Microbial community structure in an integrated A/O reactor treating diluted livestock wastewater during start-up period. Journal of Environmental Sciences, 22: 656-662.

Ren X, Shon H K, Jang N, et al. 2010b. Novel membrane bioreactor (MBR) coupled with a nonwoven fabric filter for household wastewater treatment. Water Research, 44: 751-760.

Reynolds D M. 2002. The differentiation of biodegradable and non - biodegradable dissolved organic matter in wastewaters using fluorescence spectroscopy. Journal of Chemical Technology and Biotechnology, 77: 965-972.

Rosenberger S, Evenblij H, Te Poele S, et al. 2005. The importance of liquid phase analyses to understand fouling in membrane assisted activated sludge processes—six case studies of different European research groups. Journal of Membrane Science, 263: 113-126.

Rumyantsev M, Shauly A, Yiantsios S G, et al. 2000. Parameters affecting the properties of dynamic membranes formed by Zr hydroxide colloids. Desalination, 131: 189-200.

Sangwan P, Chen X, Hugenholtz P, et al. 2004. Chthoniobacter flavus gen. nov., sp. nov., the first pure-culture representative of subdivision two, Spartobacteria classis nov., of the phylum Verrucomicrobia. Applied and Environmental Microbiology, 70: 5875-5881.

Satyawali Y, Balakrishnan M. 2008. Treatment of distillery effluent in a membrane bioreactor (MBR) equipped with mesh filter. Separation and Purification Technology, 63: 278-286.

Schramm A, De Beer D, Gieseke A, et al. 2000. Microenvironments and distribution of nitrifying bacteria in a membrane-bound biofilm. Environmental Microbiology, 2: 680-686.

Schramm A, de Beer D, van den Heuvel J C, et al. 1999. Microscale distribution of populations and activities of Nitrosospira and Nitrospira spp. along a macroscale gradient in a nitrifying bioreactor: quantification by in situ hybridization and the use of microsensors. Applied and Environmental Microbiology, 65: 3690-3696.

Senesi N. 1990. Molecular and quantitative aspects of the chemistry of fulvic acid and its interactions with metal ions and organic chemicals. Part II. The fluorescence spectroscopy approach. Analytica Chimica Acta, 232: 77-106.

Senesi N, Miano T M, Provenzano M R, et al. 1991. Characterization, differentiation, and classification of humic substances by fluorescence spectroscopy. Soil Science, 152: 259-271.

Seo G T, Moon B H, Lee T S, et al. 2003. Non-woven fabric filter separation activated sludge reactor for domestic wastewater reclamation. Water Science and Technology, 47: 133-138.

Seo G T, Moon B H, Park Y M, et al. 2007. Filtration characteristics of immersed coarse pore filters in an activated sludge system for domestic wastewater reclamation. Water Science and Technology, 55: 51-58.

Serra C, Durand-Bourlier L, Clifton M J, et al. 1999. Use of air sparging to improve backwash efficiency in hollow-fiber modules. Journal of Membrane Science, 161: 95-113.

Sharp M M, Escobar I C. 2006. Effects of dynamic or secondary-layer coagulation on ultrafiltration. Desalination, 188: 239-249.

Sheng G P, Yu H Q. 2006. Characterization of extracellular polymeric substances of aerobic and anaerobic sludge using three-dimensional excitation and emission matrix fluorescence spectroscopy. Water Research, 40: 1233-1239.

Shor A J, Kraus K A, Smith W T. 1968. Hyperfiltration studies. Part XI. Salt rejection properties of dynamically formed hydrous zirconium (IV) oxide membranes. Journal of Physics and Chemistry, 72: 2200-2600.

Silva C M, Reeve D W, Husain H, et al. 2000. Model for flux prediction in high-shear microfiltration systems. Journal of Membrane Science, 173:

87-98.

Smith P J, Vigneswaran S, Ngo H H, et al. 2006. A new approach to backwash initiation in membrane systems. Journal of Membrane Science, 278: 381-389.

Soriano G A, Erb M, Garel C, et al. 2003. A comparative pilot-scale study of the performance of conventional activated sludge and membrane bioreactors under limiting operating conditions. Water Environment Research, 75: 225-231.

Spencer G, Thomas R. 1991. Fouling, cleaning, and rejuvenation of formed-in-place membranes. Food Technology, 45: 98-99.

Sponza D T. 2003. Investigation of extracellular polymer substances (EPS) and physicochemical properties of different activated sludge flocs under steady-state conditions. Enzyme and Microbial Technology, 32: 375-385.

Sun X Y, Chu H Q, Zhang Y L, et al. 2012. Review on dynamic membrane reactor (DMBR) for municipal and industrial wastewater treat-ment. Advanced Materials Research, 455: 1278-1284.

Świetlik J, Dąbrowska A, Raczyk-Stanisławiak U, et al. 2004. Reactivity of natural organic matter fractions with chlorine dioxide and ozone. Water Research, 38: 547-558.

Świetlik J, Sikorska E. 2004. Application of fluorescence spectroscopy in the studies of natural organic matter fractions reactivity with chlorine dioxide and ozone. Water Research, 38: 3791-3799.

Tanny G B, Johnson Jr J S. 1978. The structure of hydrous Zr (IV) oxide- polyacrylate membranes: poly (acrylic acid) deposition. Journal of Applied Polymer Science, 22: 289-297.

Teychene B, Guigui C, Cabassud C. 2011. Engineering of an MBR supernatant fouling layer by fine particles addition: a possible way to control cake compressibility. Water Research, 45: 2060-2072.

Tian J Y, Liang H, Yang Y L, et al. 2008a. Membrane adsorption bioreactor (MABR) for treating slightly polluted surface water supplies: as compared to membrane bioreactor (MBR) . Journal of Membrane Science, 325: 262-270.

Tian J Y, Liang H, Yang Y L, et al. 2008b. Membrane adsorption bioreactor (MABR) for treating slightly polluted surface water supplies: as compared to membrane bioreactor (MBR). Journal of Membrane Science, 325: 262-270.

Tien C J, Chiang B H. 1999. Immobilization of alpha-amylase on a zirconium dynamic membrane. Process Biochemistry, 35: 377-383.

Townsend R B, Crawdron M P R, Neytzell-de Wilde F G, et al. 1989. Potential of dynamic membranes for the treatment of industrial effluents. CHEMSA, 15: 132-134.

Tsapiuk E A. 1996. Ultrafiltration separation of aqueous solutions of poly (ethylene glycol) s on the dynamic membrane formed by gelatin. Journal of Membrane Science, 116: 17-29.

Turkson A K, Mikhlin J A, Weber M E. 1989. Dynamic membranes. I. Determination of optimum formation conditions and electrofiltration of bovine serum albumin with a rotating module. Separation Science and Technology, 24: 1261-1291.

Uyguner C S, Bekbolet M. 2005. Evaluation of humic acid photocatalytic degradation by UV - vis and fluorescence spectroscopy. Catalysis Today, 101: 267-274.

Verrecht B, Judd S, Guglielmi G, et al. 2008. An aeration energy model for an immersed membrane bioreactor. Water Research, 42: 4761-4770.

Verrecht B, Maere T, Nopens I, et al. 2010. The cost of a large-scale hollow fibre MBR. Water Research, 44: 5274-5283.

Vesilind P A. 1980. Treatment and Disposal of Wastewater Sludges. Michigan: Ann arbor science.

Vigneswaran S, Pandey J R. 1988. Assessing the suitability of membranes for filtration-an empirical approach. Filtration and Separation, 25: 253-255.

Walker M, Banks C J, Heaven S. 2009. Development of a coarse membrane bioreactor for two-stage anaerobic digestion of biodegradable municipal solid waste. Water Science and Technology, 59: 729-735.

Wang J Y, Chou K S, Lee C J. 1998. Dead-end flow filtration of solid suspension in polymer fluid through an active kaolin dynamic membrane. Separation Science and Technology, 33: 2513-2529.

Wang J Y, Liu M C, Lee C J, et al. 1999. Formation of dextran-Zr dynamic membrane and study on concentration of protein hemoglobin solution. Journal of Membrane Science, 162: 45-55.

Wang Q Y, Wang Z W, Wu Z C, et al. 2012. Insights into membrane fouling of submerged membrane bioreactors by characterizing different fouling layers formed on membrane surfaces. Chemical Engineering Journal, 179: 169-177.

Wang W H, Jung Y J, Kiso Y, et al. 2006. Excess sludge reduction performance of an aerobic SBR process equipped with a submerged mesh filter unit. Process Biochemistry, 41: 745-751.

Wang Z, Wu Z, Tang S. 2009. Extracellular polymeric substances (EPS) properties and their effects on membrane fouling in a submerged membrane bioreactor. Water Research, 43: 2504-2512.

Wang Z, Wu Z, Yin X, et al. 2008. Membrane fouling in a submerged membrane bioreactor (MBR) under sub-critical flux operation: membrane foulant and gel layer characterization. J. Membr. Sci, 325: 238-244.

Wei Y, van Houten R T, Borger A R, et al. 2003. Comparison performances of membrane bioreactor and conventional activated sludge processes on sludge reduction induced by Oligochaete. Environmental Science & Technology, 37: 3171-3180.

Wilén B M, Jin B, Lant P. 2003. The influence of key chemical constituents in activated sludge on surface and flocculating properties. Water Research, 37: 2127-2139.

Wisniewski C, Grasmick A. 1998. Floc size distribution in a membrane bioreactor and consequences for membrane fouling. Colloids and Surfaces A: Physicochemical and Engineering Aspects, 138: 403-411.

Wu J, West L, Stewart D. 2002. Effect of humic substances on Cu (Ⅱ) solubility in kaolin-sand soil. Journal of Hazardous Materials, 94: 223-238.

Wu Y, Huang X, Wen X, et al. 2005. Function of dynamic membrane in self-forming dynamic membrane coupled bioreactor. Water Science and Technology, 51: 107-114.

Wu Z C, Wang Z W, Huang S S, et al. 2008. Effects of various factors on critical flux in submerged membrane bioreactors for municipal wastewater treatment. Separation and Purification Technology, 62: 56-63.

Xu B, Gao N Y, Sun X F, et al. 2007. Characteristics of organic material in Huangpu River and treatability with the O3-BAC process. Separation and Purification technology, 57: 348-355.

Xu C, Gao B, Cao B, et al. 2009. Dynamic membrane formation mechanisms of a combined coagulation dynamic membrane process in treating polluted river water at a constant pressure. 3rd International Conference on Bioinformatics and Biomedical Engineering.

Yamagiwa K, Unno H, Akehata T. 1987. Dynamic formation of polyion and polyion complex membranes, and their solute rejection. Journal of Chemical Engineering of Japan, 20: 328-330.

Yang T, Ma Z F, Yang Q Y. 2011. Formation and performance of Kaolin/MnO$_2$ bi-layer composite dynamic membrane for oily wastewater treatment: effect of solution conditions. Desalination, 270: 50-56.

Ye M S, Zhang H M, Wei Q F, et al. 2006. Study on the suitable thickness of a PAC-precoated dynamic membrane coupled with a bioreactor for municipal wastewater treatment. Desalination, 194: 108-120.

Ye M S, Zhang H M, Yang F L. 2008. Experimental study on application of the boundary layer theory for estimating steady aeration intensity of precoated dynamic membrane bioreactors. Desalination, 230: 100-112.

Yu S L, Zhao F B, Zhang X H, et al. 2006. Effect of components in activated sludge liquor on membrane fouling in a submerged membrane bioreactor. Journal of Environmental Sciences, 18: 897-902.

Yu Z, Dong B. 2011. Recent advances in dynamic membrane bio-reactor. New Jersey: 2011 International Symposium on Water Resource and Environmental Protection (ISWREP).

Yu Z X, Chu H Q, Cao D W, et al. 2012. Pilot-scale hybrid bio-diatomite/dynamic membrane reactor for slightly polluted raw water purification. Desalination, 285: 73-82.

Zhang X X, Zhang Z Y, Ma L P, et al. 2010a. Influences of hydraulic loading rate on SVOC removal and microbial community structure in drinking water treatment biofilters. Journal of Hazardous Materials, 178: 652-657.

Zhang X Y, Wang Z W, Wu Z C, et al. 2010b. Formation of dynamic membrane in an anaerobic membrane bioreactor for municipal wastewater treatment. Chemical Engineering Journal, 165: 175-183.

Zhang X Y, Wang Z W, Wu Z C, et al. 2011. Membrane fouling in an anaerobic dynamic membrane bioreactor (AnDMBR) for municipal wastewater treatment: Characteristics of membrane foulants and bulk sludge. Process Biochemistry, 46: 1538-1544.

Zhang Y, Fane A, Law A. 2006. Critical flux and particle deposition of bidisperse suspensions during crossflow microfiltration. Journal of Membrane Science, 282: 189-197.

Zhao W T, Shen Y X, Xiao K, et al. 2010. Fouling characteristics in a membrane bioreactor coupled with anaerobic-anoxic-oxic process for coke wastewater treatment. Bioresource Technology, 101: 3876-3883.

Zhao Y J, Tan Y, Wong F S, et al. 2005. Formation of dynamic membranes for oily water separation by crossflow filtration. Separation and Purification Technology, 44: 212-220.

Zhao Y J, Tan Y, Wong F S, et al. 2006. Formation of Mg (OH)$_2$ dynamic membranes for oily water separation: effects of operating conditions. Desalination, 191: 344-350.

Zhou X H, Shi H C, Cai Q, et al. 2008a. Function of self-forming dynamic membrane and biokinetic parameters' determination by microelectrode. Water Research, 42: 2369-2376.

Zhou X H, Shi H C, Cai Q, et al. 2008b. Function of self-forming dynamic membrane and biokinetic parameters' determination by microelectrode. Water Research, 42: 2369-2376.

附录 A 单 位

Pa 帕

kPa 千帕

MPa 兆帕

nm 纳米

μm 微米

mm 毫米

cm 厘米

m 米

s 秒

min 分钟

h 小时

d 天

k 开尔文

℃ 摄氏度

$L/(m^2 \cdot h)$ 升每平方米每小时

bar 巴

ppm 百万分率

mg/L 毫克每升

g/L 克每升

g/cm^2 克每平方厘米

nmol/ml 纳摩尔每毫升

NTU 散射浊度单位

$€/m^2$ 欧元每平方米

kWh/m^3 千瓦时每立方米

Da 道尔顿

附录 B　变量和符号

T_t　运行周期

t_p　预涂时间

t_f　过滤时间

t_b　反冲洗时间

J_t　周期通量

J_p　设定通量

R_f　出水管道阻力

R_m　不锈钢支撑网过滤阻力

R_g　生物凝胶层阻力

h_j　接头局部阻力

$J_{(t)}$　t 时刻的膜通量

J_0　0 时刻的膜通量

ϕ_b　活性污泥混合液中颗粒所占的体积比

ϕ_c　泥饼层中颗粒所占的体积比

ΔP　跨膜压差

μ　混合液黏度

R_c　泥饼阻力系数

附录 C 科学术语

ATP adenosine triphosphate 三磷酸腺苷

BDDMR bio-diatomite dynamic membrane bioreactor 生物强化动态膜生物反应器

BOD biochemical oxygen demand 生化需氧量

CLSM confocal laser scanning microscopy 共聚焦激光扫描显微镜技术

COD chemical oxygen demand 化学需氧量

DGGE denaturing gradient gel electrophoresis 变性梯度凝胶电泳

DMBR diatomite dynamic membrane bioreactor 动态膜生物反应器

DO dissolved oxygen 溶解氧

DOC dissolved organic carbon 溶解性有机碳

ED electrodialysis 电渗析

EEM excitation emission matrix fluorescence spectrum 荧光光谱分析

EPS extracellular polymeric substances 胞外聚合物

F/M food/microorganism 污泥负荷

Hb hemoglobin 血红蛋白

HPI hydrophilic 亲水性

HPO hydrophobic 疏水性

HRT hydraulic retention time 水力停留时间

LB-EPS loosely bound extracellular polymeric substances 松散结合胞外聚合物

MBR membrane bioreactor 膜生物反应器

MF micro-filtration 微滤

MLSS mixed liquid suspended solids 混合液悬浮固体浓度

MLVSS mixed liquor volatile suspended solids 混合液挥发性悬浮固体浓度

MW molecular weight 分子量

PAA polyacrylic acid 聚丙烯酸

PAC powdered activated carbon 活性炭

PMMA polymethylmethacrylate 聚甲基丙烯酸甲酯

PV　pervaporation　渗透气化

PVC　polyvinylchloride　聚氯乙烯

RH　relative hydrophobicity　相对疏水性

RO　revere osmosis　反渗透

SCOD　soluble chemical oxygen demand　溶解性化学需氧量

SMP　soluble microbial products　溶解性微生物产物

SRT　sludge retention time　污泥泥龄

SS　suspended substance　悬浮固体

SVI　sludge volume index　污泥体积指数

TB-EPS　tightly bound extracellular polymeric substances　紧密结合胞外聚合物

THMFP　trihalomethane formation potential　三卤甲烷前体物

TMP　transmembrane pressure　跨膜压差

TN　total nitrogen　总氮

TOC　total organic carbon　总有机碳

TP　total phosphorus　总磷

TPI　trasphilic　过渡亲水性

TTC　triphenyltetrazolium chloride　氯化三苯基四氮唑

UF　ultra-filtration　超滤

WHD　waterhead drop　水头差（或水头）

大孔不锈钢基网

生物硅藻土动态膜

图1 生物硅藻土动态膜形态

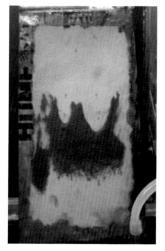

(a) 10cm水头　　　　　　　(b) 30cm水头　　　　　　　(c) 50cm水头

图2 不同重力水头作用下动态膜成膜形态实物图

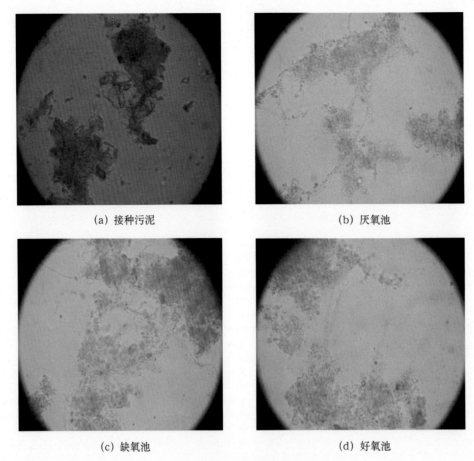

（a）接种污泥   （b）厌氧池

（c）缺氧池   （d）好氧池

图3 活性污泥絮体形态图

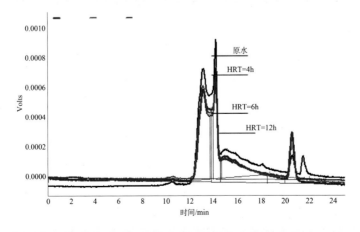

图4 不同停留时间(HRT)下出水的分子量分布

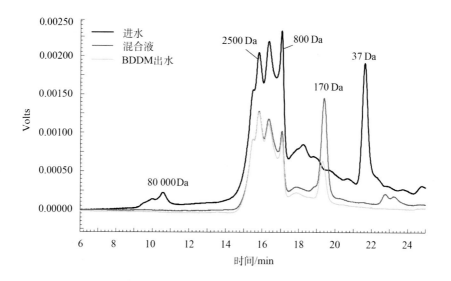

图5 BDDMR和BDDM对水中溶解性有机物分子量分布的去除

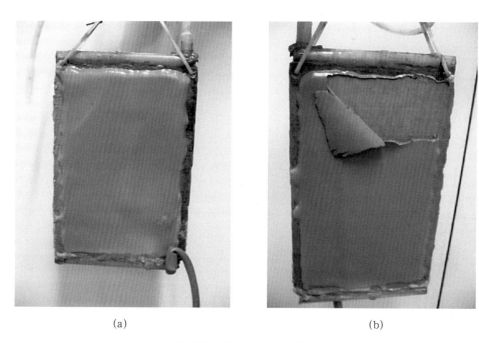

(a)   (b)

图6 微污染水处理中BDDM外部形态

（a）实物图

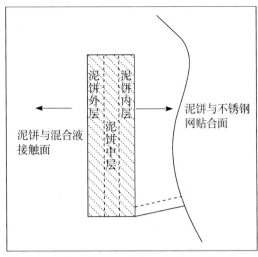

（b）示意图

图7 泥饼层实物图和泥饼结构分层示意图

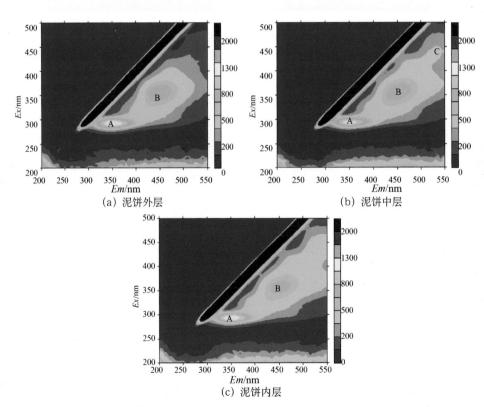

（a）泥饼外层

（b）泥饼中层

（c）泥饼内层

图8 泥饼各层的三维荧光光谱图：

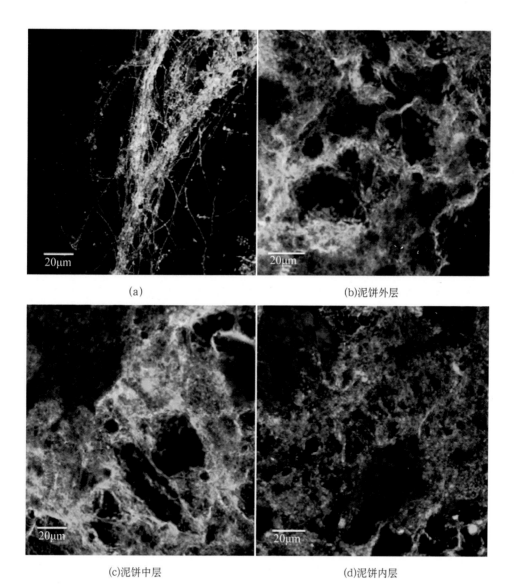

(a)

(b)泥饼外层

(c)泥饼中层

(d)泥饼内层

图9 泥饼各层的CLSM分析（红色表示多糖，绿色表示蛋白质）

图10 膜组件气冲后的膜面污染情况

（a）6kPa反冲洗效果图 　　　　（b）10kPa反冲洗效果图

图11 空气泵反冲洗动态膜表面形态

图12 生物强化活性炭动态膜支撑体组件拆分后污染情况

图13 设定通量为40L/（m² · h）时反冲洗后支撑体表面残留滤饼状况

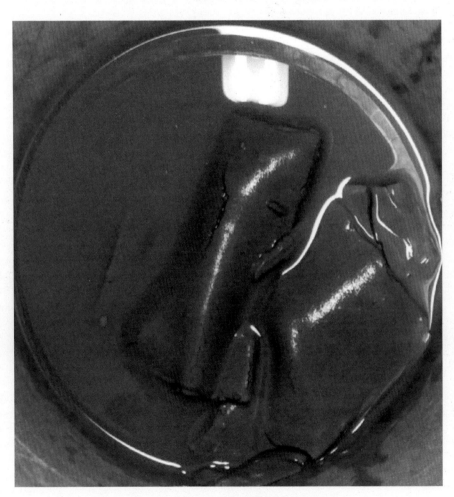

图14 反冲后从支撑体脱落下来的BDDM